I0059600

9789655505856

הגנה אקטיבית
אריה הרצוג

אריה הרצוג

הגנה אקטיבית

CONTENTO**NOW**

הגנה אקטיבית

אריה הרצוג

עורכים ראשיים: קונטנטו – הוצאה לאור בינלאומית

כותבת צללים: סיגל אשל

עורכת: לילך רון

עריכת לשון: יונת הורן

הגהה: מוריה יזרעאלוב

עיצוב העטיפה: ליליה לב ארי

עימוד: אקסנה קרבצוב

הפקה: רננה סמואל

מסת"ב: 9789655505856

דאנאקוד: 242-488

נדפס בישראל, תשע"ו 2016

Printed in Israel

הברזל 3, רמת החייל, תל אביב, מיקוד 6971007

www.ContentoNow.co.il

תודות

תודתי נתונה לשתי נשים יקרות שהשפיעו עמוקות על
חיי - אמי הדסה ואשתי גבי זכרן לברכה - וכן לאילנה, בת
זוגי היקרה, שעידודה היומיומי מהווה עבורי מקור תמיכה
מתמיד, כפי שהיווה גם במהלך כתיבת ספר זה.
תודה לילדיי - שרון, יהל וניצן - דור ההמשך שלי,
שנוכחותם מעשירה את חיי ושספרי זה נכתב גם בזכותם
ולמענם.
תודה מיוחדת נתונה לסיגל אשל, שערכה את מחשבותיי
הלא־מסודרות לספר שאני מקווה שנעים לקרוא בו.

תוכן העניינים

מבוא אישי

ספר זה נכתב מתוך רצון לזכור ולהזכיר אתגרים והתרחשויות שנלוו ליצירת יכולות ההגנה האקטיבית של מדינת ישראל ושהייתי שותף להם במשך שנים רבות. באמצעות ספרי אני רוצה לבטא את אהבתי לדברים שעשיתי ולאנשים שאִתם עבדתי ושאותם אני מעריך על המקצועיות, החוכמה והנחישות שהקדישו ליצירת היכולות האלה.

ניסיתי להסביר את משמעות ההגנה האקטיבית ואת ערכה ובמיוחד להנחיל מחשבות ולקחים שלי בתחומי הניהול, העבודה עם אנשים ותהליכי הביצוע של פרויקטים ביטחוניים גדולים.

דרך תהליך היצירה והכתיבה ערכתי מסע היסטורי ורגשי לתוך עצמי, וכך נשזרו בספר אירועים מחיי האישיים שעיצבו את המוטיבציה שלי ואת גישתי לחיים ולעבודה.

אני מקווה שהספר יתרום משהו גם לדור הצעיר, הן לזה של משפחתי והן לזה המקצועי הנושא היום בעול ההמשך של הקמת ה"חומה", ועושה זאת ללא ספק טוב יותר מדורי.

.1

מפגש פסגה

21 בפברואר 2011, השעה כמעט 22:30 בחוף המערבי של ארצות הברית (22 בפברואר, 8:30 שעון ישראל). המקום הוא חדר האורחים של שדה הניסוי בבסיס הצי האמריקאי בחוף המערבי, שם אני יושב בתפקידי כראש מִנהלת "חומה" ומביט בריכוז בסדרת המסכים שמולי. שש שעות של ספירה לאחור, שלמעשה נמשכו יותר מעשר שעות, עומדות להגיע לרגעיהן האחרונים אחרי חודשים על גבי חודשים של הכנות.

זהו הניסוי השמונה־עשר של מערכת נשק "חץ". מבצעות אותו "מִנהלת חומה" - שבראשה עמדתי משנת 1999 - יחד עם הסוכנות האמריקאית להגנה מטילים (MDA). בתהליך הספירה לאחור בודקים שוב את כל המערכות. כל בדיקה כוללת סדרה ארוכה מאוד של פרמטרים בכל תת מערכת לחוד ואחר כך במערכת הנשק המשולבת.

עשרים דקות לשיגור טיל המטרה, עשר דקות לשיגור, כוס קפה נוספת נגמעת כמעט בלי משים. דקה וחצי... חמש־עשרה שניות... עשר, תשע... נמשכת הספירה לאחור לשיגור טיל המטרה - הטיל עולה לאוויר, והוא מבצע את מסלול הטיסה שלו בצורה מושלמת. מערכת נשק "חץ" מדווחת על רכישת המטרה ועל עקיבה אחריה, ועתה מתחילה הספירה לאחור לשיגור ה"חץ", המתח בשיאו - ארבע, שלוש, שתיים, אחת... ה"חץ" משוגר וממריא. על המסכים הכול נראה כשורה. המטרה וה"חץ" טסים זה מול זה, הזמן עובר מהר מאוד ולאט מאוד בעת ובעונה אחת.

אלה השניות האחרונות של ביות ה"חץ" אל טיל המטרה, והוא מתקרב אליה במהירות עצומה. על המסך מופיעה תמונת המטרה כפי שצולמה מתוך ה"חץ" דרך המחוש האלקטרואופטי זמן קצר לפני הפגיעה – וברגע זה אני כבר יודע שהניסוי הצליח וטיל ה"חץ" יירט את המטרה בוודאות.

בדרך מקרה התרחש הניסוי ממש בליל יום הולדתי השבעים, וביום המחרת נערכה מסיבה גדולה לכבוד שני האירועים. הניסוי היה מוצלח ביותר ואפשר אף לומר שהיה אירוע מכונן בהקשר של השלמת הבלוק החדש של מערכת הנשק "חץ" עם כל המערכות הנלוות. שילוב הניסוי עם יום ההולדת היה מעין פגישת פסגה – נקודת שיא עבורי.

הניסוי

הניסוי כלל שיגור מטרת טיל בליסטי המדמה איום ממשי על ישראל מספינה בלב האוקיינוס השקט מול חופי קליפורניה. המכ"מ "אורן ירוק" זיהה את טיל המטרה והעביר את הנתונים למרכז לניהול הירי, שם חישבו את תוכנית ההגנה והעבירו למשגר. בשלב זה שוגר טיל ה"חץ 2", שהיה מוצב על אי השייך לבסיס הניסוי של הצי האמריקאי ומרוחק מהחוף. ה"חץ" רכש את המטרה, התביית אליה והשמידה.

תיאור זה – הנשמע בהיר, חלק ומוצלח מאוד בדומה להודעות הרשמיות שמפרסם דובר משרד הביטחון – אינו מסגיר את המציאות המורכבת בהרבה: ניסוי של מערכת נשק גדולה כמו ה"חץ" הוא רגע האמת של חודשים רבים של תכנון, פרישה בשטח, שילובים ובדיקות, תרגולים אין סופיים והמתנה... הוא מהווה שלב נוסף בהוכחת הביצועים של מערכת הנשק בהמשך לניסויים קודמים שגם הם ארכו חודשים ארוכים.

מורכבות הניסוי נובעת בין השאר מהצורך בשדה ניסוי גדול המאפשר פרישה של מערכת הנשק, שיגור המטרה מטווח גדול מאוד וביצוע היירוט בלי שתוצריו (שברים ורסיסים בכמות גדולה) יסכנו איש. בניסוי נוטלים חלק אמצעים רבים של שדה הניסוי – כמו מכ"מים, תחנות טלמטריה, ציוד אופטי, מטוסים, חדרי בקרה ופיקוד – ומשתתפות בו גם הרבה מאוד

מערכות שיש לתאם ביניהן. ערכנו הרבה מאוד ניסויים כאלה בארץ והם נחשבים למורכבים ביותר שמתקיימים בכלל במדינת ישראל. מבצעים אותם ביחידת ניסויי טיסה של חיל האוויר ושותפים להם התעשיות המפתחות את מערכת הנשק וגורמים רבים אחרים.

בניסוי משוגרת מטרה ממרחק גדול, מן הים או מן האוויר, שמדמה שיגור לכיוון מדינת ישראל ואנחנו צריכים ליירט אותה. ה"חץ" מאיץ בקצב מהיר מאוד כדי לפגוש את המטרה במקום הנכון ולהשמיד אותה. יש לציין שהמהירות היחסית בין מטרה כזאת לבין ה"חץ" בזמן שהם מתנגשים היא כארבעה־חמישה קילומטרים בשנייה, ובדרך כלל זו פגיעה ישירה גוף בגוף.

בניסוי המדובר, שנערך בארצות הברית, שוגרה המטרה מן הים, מול חופי קליפורניה. המשגר של ה"חץ" הוצב על אי, ואילו מערך השליטה והמכ"מ הוצבו על החוף השייך לשדה הניסוי. רק לשם לקבלת מושג על סדר הגודל של הניסוי ייאמר, שלשם ביצועו נדרש לסגור באותו יום כשלושה רבעים מנתיבי התעופה באזור.

יש חשיבות רבה לניסוי שנערך בארצות הברית. שכן שם מתאפשר, בין השאר, שימוש במטרה בליסטית המדמה איום ממשי, כאילו זה היה טיל אויב שישראל מיירטת, רק במקום אחר בעולם, בתנאים גיאוגרפיים נוחים ובטוחים יותר מאשר בארץ.

ההכנות לניסוי בארצות הברית נמשכו חודשים ארוכים. ראשית, הושטו כל המערכות לקליפורניה דרך הים במשך כארבעה חודשים. הנסיעה וההצבה לאחר מכן דרשו ארגון לוגיסטי מורכב. את המערכת שילבו מחדש בארצות הברית. הכנות רבות ומדוקדקות נערכו כדי למנוע כישלונות.

לכל אורך שלב השילובים והבדיקות יש אתגרים בכל מיני תחומים: בתחום הניהול ובעיות טכניות שלנו, ובכל הקשור לתיאומים עם האמריקאים, שמקפידים מאוד על ביטחון שדה ולשם כך משגיחים כל הזמן שלא ייעשה בבסיס הצי האמריקאי דבר המנוגד לחוקיהם, ושומרים בקפדנות יתרה על הסדר ועל הניקיון; נוסף על כך, יש בעיות אישיות

ובעיות בין־אישיות וקשיים הנובעים מעצם השהות הארוכה בלי המשפחה.

בניסויים בסדר גודל שכזה מתקיימים תהליכים המחייבים קבלת החלטות מאתגרות שבצדן סיכונים. קורה שלבעלי תפקידים קשה ליטול סיכונים עד כדי כך שהם מצהירים שאינם מוכנים ליטול אחריות וממליצים לא להתקדם בניסוי. תמיד צריך למצוא את הזמן לטפל מידית בבעיות שהתגלו ולוודא שהכשלים יתוקנו.

תהליך ההיערכות לניסוי הוא ארוך, מורכב וכרוך בקשיים, על אף הזהירות והקפדנות. לפעמים מתרחשות גם תופעות חיצוניות שאין לנו שליטה עליהן. באחד מהניסויים שנערכו בארצות הברית למשל, כשהכול כבר היה מוכן, התגלתה פתאום ספינה של דייג מקסיקני בדיוק באתר שהשברים של המטרה עמדו ליפול בו. מובן שבנסיבות כאלה צריך לחכות עד שהדייג יסתלק. אך בפועל האמריקאים מסלקים אותו באמצעות מטוסים שהם שולחים במיוחד לשם כך, ולוקח לו זמן רב להבין מה רוצים ממנו. זוהי רק אנקדוטה, כמובן, אך היא ממחישה במעט את היקף הנתונים העצום שיש לתת עליהם את הדעת.

לפני היציאה לביצוע השלב הסופי של הניסוי ב־2011, ערכתי כמובן תדרוך לכל המנהלים בכל הדרגים עד לשר הביטחון. אהוד ברק היה כרגיל תמציתי ונחרץ: "אתה תבצע ותצליח!" אבל לעתים יש גם כישלונות, ובניסויי החץ שערכנו בארצות הברית היו גם תקלות. אמנם באופן כללי, אחוז ההצלחה בעשרות הניסויים שערכנו כאן בארץ וגם בארצות הברית היה גבוה מאוד, אבל פה ושם היו כישלונות, גם אם בודדים.

מערכת הנשק שנועדה להגן מהטילים מורכבת מחלקים רבים מאוד שכל אחד מהם הוא מערכת בפני עצמה, ונהוג לקרוא למערכת כזו "מערכת של מערכות" (System of Systems). עם החלקים הללו נמנים למשל המכ"מ (מגלה כיוון ומרחק), שהוא אחד מחלקי מערכת הנשק וגם מערכת בפני עצמה; "אורן ירוק" - מערכת מורכבת שתפקידה לזהות את האיום, לעקוב אחריו ולספק למערכת הנשק את המידע הדרוש לתכנון היירוט ולביצועו; מערכת השליטה והבקרה (שו"ב) ו"אתרוג זהב" - למעשה

המוח של המערכת. מתקבלות בה ההחלטות ומפעילים בה את כל המערך.
האלמנטים המרכזיים בניסוי הירי, גם הם ברמת מורכבות של "מערכת של
מערכות": הראשונה היא המטרה שצריך ליירט – בדרך כלל דימוי של טיל
בליסטי ארוך טווח יחסית (טווח של מאות קילומטרים) – והשנייה היא טיל
החץ, שגם הוא למעשה מערכת שלמה מרובת מחשבים ומורכבת מאוד.

כדי לבצע את הניסוי נדרש מערך שלם של חדרי פיקוד ובקרה.
הראשון שבהם הוא חדר בקרה גדול במיוחד שמפקחים בו על כל מה
שמתרחש בשדה הניסוי – על התנועה האווירית, על התנועה הימית, על
מטוסים שנמצאים באוויר כדי לקלוט אינפורמציה, על לוויינים ועוד.
בחדר זה יושבים מנהל הניסוי מטעם הצי האמריקאי, שהוא האחראי
הבכיר ביותר לניסוי, ועשרות עוזרים – אנשי שדה הניסוי, אנשי מנהלת
ההגנה האמריקאית מטילים ונציגים ישראלים. במקום אחר נמצא חדר
בקרה של המטרה שגם עליה צריך לפקח כל הזמן ולוודא שהיא תקינה.
מתוך המטרה משודרת אינפורמציה טלמטרית[1] שבאמצעותה אפשר
לדעת שכל המערכות שבתוך טיל המטרה תקינות והוא מבצע מסלול
תקין כמתוכנן.

גם חדר הבקרה של מערכת הנשק חץ נמצא בשדה הניסוי. החדר הוקם
במיוחד כדי לנהל ממנו את ההכנות לניסוי ולבצעו מבחינת מערכת הנשק
שלנו. זהו חדר בקרה גדול, שם יושב המנהל הישראלי של הניסוי, איש
התעשייה האווירית, שתפקידו לוודא את תקינות כל חלקי מערכת הנשק
חץ. בחדר נמצאים גם מנהלים מהתעשייה האווירית ונציגי "מנהלת חומה"
ועשרות מהנדסים בעלי מקצוע בתחומים שונים – כולם יושבים מול
מסכים. המהנדסים מקבלים אינפורמציה דרך הטלמטריה מתוך טיל החץ
שמתכונן לניסוי ומתוך הסנסורים של שדה הניסוי שמשתתפים בפיקוח
על הביצוע ועל קליטת המידע. הכול מרושת בתקשורת אלחוטית וגם

---

1 טלמטריה – אינפורמציה המשודרת מרחוק וכוללת מידע רב על מצב הטיל ועל תקינותו.

קרקעית. מבחינת ישראל זהו מרכז העצבים לביצוע הניסוי, בעזרתו שולט
מנהל הניסוי הישראלי במערכת הנשק ובכל תתי המערכות שלה.

אמצעים נוספים שמספק שדה הניסוי הם: מכ"מים רבים שעוקבים
אחרי הטילים שבאוויר ומדווחים על תקינות מסלוליהם, תחנות לקליטת
טלמטריה, מערך מצלמות לתיעוד האירועים, מערך תקשורת מורכב
ביותר, ועוד לא תיארתי הכול.

במרחב הימי נמצאות כל העת ארבע או חמש אניות של הצי האמריקאי
כדי לוודא שהשטח נקי, ומטוסים חגים באוויר. חלק מהמטוסים עוסק גם
בפיקוח בטיחותי ומטוסים אחרים מצלמים את האירועים בניסוי בעזרת
מערך מצלמות מוטסות. כמו כן יש מטוסים שקולטים טלמטריה מהאנייה
ומשדרים אותה חזרה לקרקע, ויש לוויינים המקבלים את האינפורמציה
ומשדרים אותה לוושינגטון, אל הנהלת הסוכנות האמריקאית להגנה
מטילים (MDA), היושבת שם ומפקחת עלינו.

הצד האנושי

ככלל, אנשים שמקדישים שנים רבות מחייהם לפיתוח של מערכת
אסטרטגית מרכזית כל כך ולניסוי שלה, הם אנשים מיוחדים – כולם
כאלה: המהנדסים והטכנאים, האחראים לחימוש הטיל, אנשי מנועים,
אנשי אלקטרוניקה, אנשי מכניקה ועוד. הגם שמדובר בפרנסתם, הם
דבקים במשימותיהם מעל ומעבר ומוכנים להקדיש לביצוען לילות כימים.
רוב האנשים האלה מסורים ביותר, קפדנים ואכפתיים ונענים לכל רמז של
בעיה. גם אנשי הצבא המעורבים בפרויקטים מסורים ואכפתיים במידה
דומה, אך בדרך כלל הם עוסקים בפרויקטים הללו לזמן קצוב, בניגוד
לאנשי התעשייה העוסקים בהם שנים רבות מאוד, ואפשר אף לומר שהם
רואים אותם כמשימת חיים.

כאמור, שמורה בלבי פינה חמה לכל אלה שנטלו חלק בפרויקט החץ
ואני מוקיר אותם עמוקות.

ברצוני להזכיר כמה מהם באופן אישי:

אריאל – מנהל הניסוי בצד הישראלי ואיש התעשייה האווירית. בעל ותק רב בניהול ניסויים. בעבר היה מנהל כלל הניסויים של מפעל מל״מ בתעשייה האווירית. הוא החזיק את הפרויקט ביד ברזל. בתקופת הניסוי הוא כמעט לא ישן, אכל מעט מאוד, עישן אינספור סיגריות, והיה מסור כולו למשימה תוך שליטה מלאה בפרטים. איש מיוחד במינו.

שאול – מהנדס מערך השליטה והבקרה ואחד מעמודי התווך של המערכת. במערכת נשק חץ יש מערכים אוטומטיים שונים שאמורים לזהות את המטרה מבין האובייקטים הרבים שטסים בשמים. נהגנו לומר שאם המערך האוטומטי לא יצליח במשימתו, אז ״Shaul in the Loop״ יצליח, כי אפשר היה לסמוך עליו שידע הכול בכול עת.

אלכס – מהנדס המערכת של המכ״מ ואחראי להחלטות בתחום המכ״מ בניסוי. בקי וקר רוח כנדרש בניסויים. תרם רבות להתגברות על תקלות מורכבות.

אל״מ גיא אבירם – ראש המחלקה הטכנית של חומה. הוא שימש כנציגי בהנהלת הניסוי ולמעשה ניהל את ההכנות לקראתו. תרם תרומה משמעותית להצלחת הניסוי בדגש על הממשק עם המארחים האמריקאים.

יואב תורג׳מן – ראש מִנהלת החץ במפעל מל״מ בתעשייה האווירית. הוא מנהל בחסד, שהייתה לו תרומה גדולה מאוד לתהליכי קבלת ההחלטות בשטח. כמו כן, שיתוף הפעולה ההדוק בינו לבין כל המשתתפים האחרים בניסוי תרם רבות להצלחה.

נציגי ״מנהלת חומה״ נמצאו במשך כל תקופת הניסוי גם בבסיס שעל החוף וגם על האי והיו שותפים לכל הפעילויות. רוב חברי הצוות שהו על החוף ומיעוט מהם היה באי שהוצב עליו המשגר של החץ. זהו אי קטן מאוד השוכן כמה עשרות קילומטרים מהחוף המערבי של קליפורניה ומשמש חלק מהבסיס של הצי האמריקאי. על שפת הים באי יש מושבות של כלבי ים הפזורים מסביב ואפשר להתקרב אליהם. הם לא מפחדים מאנשים מפני שלא נוגעים בהם לרעה. באי חי גם זן מיוחד ומוגן של שועלים קטנים הנמצאים בסכנת הכחדה. הטבע המיוחד שבאי הוא חלק מההווי שלו.

יש גם הווי אחר – ההווי האנושי. באי חיים רק מעט אמריקאים מקומיים, ובזמן ההכנות לניסוי תפחה האוכלוסייה בכמה עשרות ישראלים שחלקם דתיים. לכן הביאו טבח שיבשל במיוחד אוכל כשר, והוא נהיה פתאום הדמות המרכזית באי. הכול נע סביב האוכל: שאלו כל הזמן מה יש לאכול היום ומה יהיה לאכול מחר. אין פלא שהאוכל הפך לבידור העיקרי במקום כה קטן ומבודד הנמצא בשליטת הצי, ואין בסביבתו עיר או אפילו עיירה. מובן שבנסיבות כאלה, שבהן אנשים נמצאים רחוק מן הבית ללא משפחותיהם במשך חודשים רבים, נוצר הווי מיוחד הכולל גם הרבה בדיחות פנימיות. לא התגוררתי באי, אך ביקרתי בו כמה פעמים והתרשמתי תמיד מן ההווי הייחודי והרגוע יחסית שנוצר במקום.

הבדלים של תרבות

במתחם ה"ישראלי" שבתוך בסיס הצי, שבו הוצבו המערכות שלנו ומשרדי הפרויקט שלנו, שכן גם המשרד האמריקאי של הפרויקט, בתוך צריף מול מרכז ניהול הניסוי שלנו. בראש המשרד ניצבה ג'ולי, שהייתה אחראית לניסוי מטעם הנהלת ה־MDA ובינה לביני נרקמה מערכת יחסים טובה מאוד. גם ג'ולי, כמו שאר שותפינו, ניסתה כל העת לוודא שהכול יתנהל בדיוק לפי הכללים והחוקים האמריקאיים ושלא תהיה חריגה כלשהי מהם. אירועים רבים במהלך הניסוי נבעו מחשש שמא הישראלים יעשו משהו שלא היו צריכים לעשות. היו לא מעט מקרים כאלה, וגיא אבירם או אני היינו צריכים לטפל בזריזות בכל אחד מהם ולוודא שהעניינים חזרו למסלולם הראוי.

אירועים כאלה התרחשו לרוב בגלל פערים תרבותיים מהותיים ביותר בין האמריקאים לבינינו בכלל ובתרבות העבודה בפרט. אצל האמריקאים הכול מתנהל לפי הספר. אסור לחרוג מהמוסכם ומהכתוב; גם אם יש בעיה של לוח זמנים, ואפילו אם המשימה תתפספס עדיין השמירה על הכללים היא בעדיפות עליונה. לעומת זאת, ישראלי שנתקל בבעיה – מנסה מיד לפתור אותה בעצמו. הפערים האלה התחדדו בנסיבות שהכתיב הניסוי, והיינו צריכים להשקיע זמן רב בהסברה כדי לצמצם. אחד

הסעיפים בהסכם הניסוי אומר ש"אם נדרש לתקן או להחליף חלק פגום באחת המערכות הישראליות, חובה לקרוא למישהו מהאמריקאים שיבוא ויסתכל מה עושים". המשמעות היא שחייבים לעבוד לפי הפרוטוקול, גם אם ברור לנו שבשיטה זו נגרם בזבוז זמן שסותר לגמרי את ההיגיון ואת ההרגלים של הצוות הישראלי, אחרת עלולים לחבל בניסוי. קשה להפנים ולקבל זאת, אבל אחרי שלמדנו והפנמנו, היה קל יותר לסגור את הפערים ולהתקדם יחד.

כך למשל במטוס אמריקאי מסוים שהשתתף בניסוי קרתה תקלה. היינו כבר קרובים לניסוי והמטוס התקלקל. נשאלת השאלה מה עושים? האמריקאים התנהלו כדלקמן: הם פנו להנהלת שדה הניסוי ולהנהלת חיל האוויר האמריקאי ומצאו שבבסיס חיל האוויר באריזונה יש חלפים המתאימים למטוס וייקח שבוע עד שיגיעו. שבוע?! בעוד יומיים הניסוי צריך להתבצע! במקרה זה הצלחנו למצוא פתרון, והחלפים הגיעו ביעילות ובמהירות. היה קשה מאוד אך לבסוף הצלחנו.

דוגמה נוספת להדגשת הפערים התרבותיים: בתרבות הניהול האמריקאית מקובל שמנהל חייב לדעת הכול ולהיות אחראי לַכול. אמנם יש לו צוות עובדים ניהולי, שכל אחד מהם אחראי לתחום מסוים, אך אין להם הבנה מספקת של התמונה הכוללת, ובמקרה של כישלון הצעד הטבעי ביותר שינקטו יהיה להעיף את המנהל. לדעתי, חלק גדול מאי ההצלחות של האמריקאים נובע משיטת הניהול הזו, שאמנם היא מסודרת אך גם מסרסת ויוצרת בעיות רבות, מפני שהיא מונעת מהמנהלים שטעו הזדמנות ללמוד מטעויותיהם, לתקנן ולהמשיך לצבור ניסיון. התוצאה הנלווית לכך היא שבסופו של דבר אנשים לא צוברים ניסיון ולמעשה ההסתברות לאי הצלחה הולכת וגדלה. זו שיטה טובה מבחינת יושרה אך היא לא ממש עובדת במציאות.

חלק זה אסיים בסיפור אופייני להדגמת ההבדל העקרוני בינינו לבין האמריקאים: היינו בעיצומה של הספירה לאחור, שאורכת שעות ארוכות, ובתפקידי לא הייתי מחויב לשבת כל הזמן מול המסך. הייתה הפוגה

לארוחה ונסעתי בחברת קולגות לאכול במסעדת דרכים קטנה. בזמן הארוחה קיבלתי שיחת טלפון מג'ולי. היא אמרה לי שראש ה־MDA ביקש ממנה לבדוק אִתי האם אני יכול להתחייב שהניסוי יהיה מוצלח, אחרת הוא לא יאשר את ביצועו! היינו כבר בספירה לאחור, אבל היינו חייבים לקבל את אישורו לניסוי המבוצע על אדמה אמריקאית. אמרתי לה בלי היסוס: "אין בעיה, תגידי לו שהניסוי יהיה מוצלח." לא יכולתי לדעת זאת בוודאות, אבל באותו רגע צריך היה לקבל החלטה מהירה ולדאוג שהעניינים ימשיכו ויתנהלו כרצוי. למזלי, מה שהתחייבתי כלפיו הצליח, אך השאלה של ראש ה־MDA הותירה אותי המום עוד זמן מה.

הספירה לאחור

ביום הניסוי ההגה נמצא בידיו האמונות של מנהל הניסוי, היושב בחדר הבקרה הראשי ומפקח משם על כל שלבי האירוע. אני עצמי מקבל החלטות עד לתחילת הניסוי ואין לי תפקיד במהלכו. אני נמצא בחדר האורחים כשהטלפון לידי ולא מתערב בעבודה של צוות מקצועי שכולל כמה מאות איש בעלי עמדות ותפקידים. כשמנהל מתערב נוצר מתכון לצרות. לקראת השעתיים האחרונות של הניסוי אני הולך לחדר האורחים הנינוח, יושב לי בנחת, ורואה את ההתקדמות של ה"ספירה לאחור".

צריך להבין שבמקרה זה ה"ספירה לאחור" היא לא ה"עשר, תשע, שמונה, שבע..." המוכרת, אלא תהליך של שש שעות ויותר שבודקים בו כל מיני פרמטרים שוב ושוב. בהתחלה בודקים כל אחת מתתי המערכות האלה בנפרד: מכ"מ, טיל, מערך השליטה, מערך שדה הניסוי והמטרה. אחר כך מתכנסים לאט־לאט ומתחילים להפעיל את המערכות האלה יחדיו כדי לראות שהן מצליחות לעבוד במשולב. התהליך הזה אורך שעות, ואין ספק שהוא כרוך באופרציה גדולה מאוד.

פרט לכל מה שהוזכר לעיל, יש מרכיב משמעותי נוסף שתובע זמן במשך הניסוי. משתתפות בו גם מערכות אמריקאיות שמשקיפות על הניסוי ורוצות לנצל אותו כדי לבדוק את עצמן. לפיכך, אם יש בהן בעיה

כלשהי, המידע מהן, למשל ממערכות "פטריוט" שהשתתפו בניסוי, עלול לגרום לעיכובים ועצירות בתהליך.

כמו כן, יש רשימה ארוכה של תרחישים – מה שנקרא "What if", מה יקרה במצב כזה או אחר ומה לעשות, ולעתים עוצרים לבדיקת תקלות שונות. וכך עוברים לאט-לאט על כל הרשימה בספירה לאחור, עד שמגיעים בסוף לדקה האחרונה ולעשר השניות האחרונות, המוכרות לרבים מהסרטים – עשר השניות האחרונות מתוך שש שעות ויותר.

אני יושב בחדר האורחים. הספירה לאחור מתקרבת לסופה, ואני מרוכז כולי במסכים. אני רואה את מסלולי המטרה והחץ ושומע את הדיווחים בתקשורת מהעמדות השונות. לבסוף אני רואה את המטרה המצולמת מתוך הטיל זמן קצר לפני הפגיעה, וכבר יודע שהחץ פוגע במטרה בוודאות.

בחדר האורחים היו הרבה אנשים, וברגע שקלטנו שהניסוי הצליח, החלה התלהבות גדולה מאוד תוך כדי קריאות וקפיצות והתחבקויות, ממש כמו בסרטים.

הייתה כבר שעת לילה מאוחרת, והיה עליי לטלפן לארץ ולדווח. התקשרתי לראש מפא"ת, המנהל הישיר שלי. מיד אחר כך הגיעו מכל עבר שיחות טלפון רבות וברכות: משר הביטחון ומאחרים במערכת הביטחון. משרד הביטחון פרסם הודעה רשמית בדבר הצלחת הניסוי, והעיתונאים החלו להתקשר וניסו לדלות אינפורמציה. במהלך השנים נעשיתי מומחה לסינון בין מידע שמותר להגיד לעיתונאים לבין מידע שאסור להגיד להם.

אחרי כל ההתרגשות הזו הלכתי לישון עייף אך מרוצה, ולמחרת, בדיוק בתאריך יום ההולדת שלי, ב-22 בחודש, החליטו החברים מהצוות הישראלי לחגוג (במקרים כאלה לא מתכננים מראש חגיגה כי זו סיבה לכישלון...). התברר שהשמועות על אודות יום ההולדת שלי הודלפו. כך חוברו להן יחדיו שתי הסיבות למסיבה, ובערבו של יום דאגו לחדר גדול באחד מבתי המלון. באו לשם כל אנשי הצוות הישראלי, בערך מאתיים איש, ועוד כמה עשרות מהצוות האמריקאי. השמפניה נשפכה כמים והייתה חגיגה גדולה מאוד. מעולם לא קיבלתי כל כך הרבה ברכות.

.2

חיים במסתור – ימי השואה

"...בוקר אחד במאי 1943, כשהיית בן שנתיים ורבע, נשארת עם אבא בדירה שהסתתרנו בה. זה היה כשעוד גרנו בוורשה. אני לא הייתי בבית. אתה ואבא נשארתם בדירה. כאשר אנשי הגסטפו באו לשם, הם הרגו את אבא לידך. אתה היית ככה על הספה ואיך לא ראו אותך, זה אלוהים יודע, ואני לא ידעתי מכלום, הייתי מחוץ לבית. ואני חוזרת ואתה אומר לי בפולנית: 'האנשים הרעים הרגו את אבא, כשאני אהיה גדול אני אהרוג אותם...'"

במשך השנים שַׁנְתָה אמי את הסיפור הזה פעמים רבות באוזניי בשינויים קלים, כשהיא מדגישה את הבטחתי הילדותית. עם השנים הפכה רוחו של הסיפור הזה למעין צו פנימי עבורי, למוטו.

נולדתי להוריי, יחזקאל (הנק) והדסה הוכדורף, בעיצומה של מלחמת העולם השנייה בקרקוב שבפולין. פולין כבר הייתה תחת כיבוש גרמני, וחיי היום־יום היו מרוץ מאיים ומסוכן של הישרדות. אמי, שהתברכה באמונה חזקה ובעוז רוח יוצא דופן, קראה לי אריה על שם אביה. הברית שלי נערכה בזמן שהנאצים כבר שלטו בעיר.

איני זוכר הרבה משנותיי הראשונות עד גיל חמש בערך, אז חזרתי עם אמי לקרקוב. כל הידוע לי על התקופה הזו ועל שורשיי המשפחתיים נשען על זיכרונותיה של אמי, אלה שסיפרה לי בהזדמנויות שונות ואלה שתועדו בעדות שמסרה למכון לחקר השואה – ארכיון שפילברג (ב־1997). על שורשיו של אבי איני יודע כמעט דבר.

אמי נולדה ב־1909 בפולין בעיר סאנוק,[2] שליד נהר הסאן. מדבריה על סביבת הולדתה: "...מקום נהדר, למטה הנהר ולמעלה היו יערות..."

לאביה קראו לייב לזר (Lezer). הוא היה איש ספר ותלמיד חכם שידע היטב קרוא וכתוב בפולנית ובגרמנית. אמה, מלכה־גיטל, הייתה עקרת בית שטיפלה במשפחה גדולה. להוריה הייתה חנות סיטונאית של גלנטריה. הם התגוררו בבית הסב והסבתא, הורי האם.

סבה וסבתה של אמי היגרו לישראל כאשר הייתה אמי ילדה קטנה. את ביתם השאירו למשפחות של אמה ושל דודתה. היה זה בית רחב ידיים שהיו בו שתי כניסות – אחת מרחוב רנק והשנייה מרחוב צ׳רקבנה. אמי, הודקה (הדסה בשמה העברי), שאביה כינה אותה בשם הודג׳ו, הייתה השלישית במניין הילדים. שתי אחיותיה הגדולות נקראו הינג׳ה ופרומה. אחרי אמי נולדו יעקב, בנימין וצבי (הרשי).

אמי תיארה את בית הוריה כבית דתי, חם ומלא אהבה. לדבריה היה כבוד רב כלפי ההורים: "כשהורה אמר משהו היינו עומדים דום. מה שאבא אמר היה קדוש." הבית היה פתוח ומכניס אורחים. בכל שבת וחג היה האב מביא עמו אורח זה או אחר מבית הכנסת. בבית היה מטבח גדול מאוד, שהיו בו ארון בשרי וארון חלבי. האם והמשרתת היו אופות בצוותא הרבה חלות, והילדים היו מחלקים לשכנים ולנצרכים. הם גרו ברחוב יהודי.

אמי למדה ארבע שנים בבית ספר פולני רגיל ובשנה החמישית ללימודיה עברה לגימנסיה, שם למדה עד הבגרות. בבית דיברו יידיש, ובבית הספר – פולנית. גם בחברה וגם עם העוזרת דיברו פולנית. היו לאמי חברות פולניות והתקיימו ביניהן יחסים טובים מאוד. לא אחת היא התארחה בבית חברותיה הגויות וגם להפך, אם כי הקרבה הגדולה נשמרה עם היהודים.

בעיר סאנוק היו ארגונים ציוניים רבים, ואמי מילאה את תפקיד יו"ר

---

2 סאנוק בפולנית: Sanok, ביידיש: סאַניק, סוֹניק: עיירה השוכנת על גבעה לגדות הנהר סאן בדרום פולין, באזור הידוע כגליציה המערבית.

ויצו הצעירה. שמה הלך לפניה והבנות הצעירות, שרצו לשמוע ולהבין ציונות מהי, היו באות להתייעץ עמה וללמוד ממנה. היא הפגינה מעורבות עמוקה בענייני הציונות ובתוקף תפקידה הייתה חברה גם בקרן קיימת ובקרן היסוד. בית הוריה היה אמנם ציוני, אך הם לא התכוונו לעלות לישראל. רק בשלב מאוחר יותר, כשאמי כבר הייתה אחרי גיל בגרות, החלו לדון בכך.

אחיה של אמי, בנימין, היה מועמד לגיוס לצבא הפולני, אך החליט שהוא מוכן להתגייס רק בארץ ישראל. האב לא היה מאושר מהחלטת בנו אבל ידע, כמו כל המשפחה, שבנימין יתעקש ויצליח. כציוני טוב קיבל בנימין "סרטיפיקט" ונסע לארץ ב־1934. הוא התגורר תחילה בירושלים ואחרי כן בהרצליה.

ב־1938 נפטר האב לייב מסרטן לאחר תקופת מחלה ממושכת. הוא זכה לחיות שמונה שנים יותר ממה שניבאו לו הרופאים, הרבה בזכות טיפול אוהב בבית. אמי המשיכה להתגורר בבית אחרי פטירת אביה. היו לה אמנם הרבה מחזרים, אך על חתונה לא היה מה לדבר. באותה עת היה מקובל שקודם כול מתחתנת הבכורה ואחר כך הבנות הבאות לפי הסדר. בבית משפחת לזר היה ברור שכך יתנהלו העניינים, ואכן הינג'ה, האחות הבכורה, התחתנה ראשונה בגיל צעיר, ופרומה התחתנה רק אחרי מותו של האב, ב־1938.

פעמי מלחמה

"...הייתי נאיבית קצת, חשבתי תמיד: זה לא ייתכן. אולי הם ייקחו לנו את הבית, את הרכוש, הכול הם ייקחו, אבל את החיים הם ייקחו? לא! אני לא האמנתי" (אמי, מתוך עדותה למכון לחקר השואה, ארכיון שפילברג).

לפי אמי, ב־1938 עדיין הכול היה כרגיל בסביבתה, כאילו דבר לא יתרחש. במאי 1939 הגיעו האח בנימין ואשתו לביקור לרגל יום השנה של האב והלכו עם כל המשפחה לבית הקברות. ערב אחד אפילו יצאו לרקוד. למרבה המזל הם הצליחו לצאת מפולין באנייה האחרונה שהפליגה לארץ ישראל.

ב־1 בספטמבר 1939 פלשו הגרמנים לפולין. מהר מאוד הם הגיעו גם לסאנוק, ונהר הסאן הפך לגבול בין אזורי הכיבוש הגרמניים ובין אזורי הכיבוש הרוסיים. בלילה שהגרמנים נכנסו לעיר נהרג שכן של המשפחה. בני הבית התעוררו – בחוץ השתוללה שרפה. הגרמנים שרפו בתי כנסת, תלמודי תורה וישיבות. אמי הייתה אז כבת שלושים, וכשתיארה את מאורעות הלילה ההוא ציינה כי הם לא יימחו מזיכרונה כל חייה: "...ועומד שם גרמני ומהאש יוצא איש עם זקן אדום עם שני ספרי תורה... ואני רואה שהגרמני מוציא את האקדח שלו, ואני רואה את זה ותופסת את היד שלו ... לא העליתי בדעתי שהוא יכול להרוג גם אותי. והגרמני מסתכל עליי ושם את האקדח בכיס..."

לפני הפלישה כבר הייתה בקהילה היהודית מודעות להיטלר ולמעלליו, אבל באופן כללי חשו שהסכנה עדיין רחוקה. לאחר הפלישה של הגרמנים החלו היהודים להסתגר בבתיהם, והפחד השתלט. נוסף על כך האוקראינים שבעיר ניצלו את המצב. היה למשל מקרה אחד שעורך דין אוקראיני העביר דרישה, בשם הגרמנים כביכול, ל"תרומה" מהיהודים, והזהיר שאם לא ייאסף מספיק כסף, יילקחו נכבדי היהודים לבית הסוהר. אנשי הקהילה, שרבים מהם היו מאורגנים בקבוצות ציוניות, עברו בין הבתים ואספו סכום עתק. רק לבסוף התברר שלא הגרמנים דרשו זאת, אלא שהיה זה רעיון של עורך הדין האוקראיני.

מ־1939 עד 1942, השנה שבה ברחו אמי ואבי יחד אִתי מסאנוק, התארגנו יהודים בקהילה לשם תמיכה הדדית ולעמידה משותפת מול השלטונות הצבאיים. חיי היום־יום השתנו אבל לא במידה כזו שהורגש חוסר. למשפחה עדיין היו בית וכסף וחנות, ושני האחים של אמי עבדו בה. הם לא רצו לעזוב הכול ולברוח, אף שבנימין, האח שהיה בארץ, ביקש שהמשפחה תעלה לישראל.

יום אחד התקיימה בחצר העירייה של סאנוק אסיפה, ובה הוכרז על גירוש מחצית מיהודי סאנוק לצד הרוסי. כל המשפחות היהודיות הצטוו לשלוח לאסיפה נציג מטעמן, ואמי נשלחה כנציגת משפחתה. נציגי

המשפחות שהגיעו לאסיפה חולקו לשתי קבוצות. אמי, בחושיה המחודדים, התעקשה שישלחו אותה לקבוצה שנראתה לה חזקה יותר מהאחרת, קבוצה שהיו בה אנשים בעלי רכוש. ואכן האוברשטורמפירר (דרגת סרן בצבא הגרמני) בראון הכריז כי על האנשים שבקבוצה האחרת לעזוב את ביתם ואת רכושם בסאנוק ולמחרת לחצות את נהר הסאן לצד הרוסי. זו הייתה טרגדיה – אנשים שחייהם טולטלו בבת אחת, נשים גברים וילדים, נושאים את מיטלטליהם בזרועותיהם, וחוצים את הנהר ברגל. הרוסים קיבלו חלק מהם והעבירו אותם מזרחה. רובם לא שרדו.

החיים בתקופה ההיא זימנו לאמי עוד ועוד התמודדויות – כמו ניסיונות לניצול מיני, שהשכילה לחמוק מהם, ועוד עימותים עם נאצים, שהפגינה מולם עוז רוח. היא לא האמינה כי תוכל להם, ובכל זאת שרדה.

"...אני יורדת למטה ורואה שוורנר (אחד מאנשי הקהילה) שוכב על הרצפה ונאצי אחד, כזה גבוה ושמן, שוכב עליו וחונק אותו. אני תפסתי את הגרמני בכוח, שאני לא יודעת איך היה לי, והרמתי אותו: 'ואס מאכן זי?!' מה אתה עושה (בגרמנית) – צעקתי, והוא נתן לי פליק בעין והוריד לוורנר מכה וגם כמה שיניים, כמעט הרג אותו..."

ובינתיים זרמו עוד ועוד אנשים מכל רחבי פולין לסאנוק, הממוקמת כזכור על הגבול שבין אזור הכיבוש הגרמני והאזור הרוסי, ומכאן חצו, לרוב דרך הנהר, לצד השני, לרוסיה. היו ביניהם יהודים וגם פליטים פולנים. בית הוריה של אמי נמלא בפליטים, ואמה עמדה ובישלה כל היום. הגרמנים התיישבו ביפים שבבתים שננטשו ושלטו בעיר.

אנשי הקהילה היהודית שנשארו בעיר הוכרחו לעשות עבודות שירות עבור הגרמנים. בערב השנה החדשה הנוצרית קנו הגברים מתנות, ואילו הנשים אפו עוגות בניסיון לרצות את השליטים.

בן נולד

אבי ואמי הכירו עוד לפני המלחמה כבני משפחה. הם היו בני דודים רחוקים. לאבי היה מפעל תעשייה בקרקוב והוא היה פעיל מאוד מבחינה

עסקית. אמי אהבה את אבי מאוד והעידה על רגשותיה החזקים: "...אהבנו אחד את השני והיינו משוגעים זה על זה. שמו היה הנק הוכדורף, בחור יפהפה וחמוד... בכלל... אין הרבה גברים כאלה - לא בלב ולא בנשמה ולא ביופי..."

הוריי התחתנו ב־15 ביולי 1940 בקרקוב. במשך זמן רב סבלה אמי מכאבים בבטנה. היא לא ידעה שהיא בהיריון, וגם הרופאים לא העלו זאת על דעתם. הם חשבו שיש לה סרטן. לילה אחד, בעודה מאושפזת בסנטוריום בקרקוב, היא ראתה בחלומה את אביה יוצא מבית הכנסת: "...ביד אחת יש לו כתר תורה וביד השנייה יש לו ילד, בדיוק כמו שאריה היה נראה כשהוא נולד, והוא אומר לי: 'הודג'ו, הוכ נישט קיין מוירה' (הודג'ו, אל תפחדי ביידיש)," ואחר כך היא התעוררה והרגישה בבטן את התנועה של העובר: "...בא הפרופסור עם האסיסטנט, ואני אומרת לו: '...היה לי אבא שהיה איש דגול מאוד, ואני חלמתי עליו והוא בא לי עם הילד...'" (אמי, מתוך עדותה למכון לחקר השואה, ארכיון שפילברג).

הרופאים שחררו את אמי מבית החולים על אחריותה, אף על פי שהמשיכו לחשוד כי מדובר בסרטן. היא הייתה משוכנעת שתלד ילד. בדרך כלשהי, אף שכבר היו אקציות והיא הסתובבה בעיר עם טלאי צהוב, היא הגיעה אל מיילדת יהודייה, וזו אִבחנה שמדובר בציסטה שתעבור עם הלידה. ואכן ב־22 בפברואר 1941 נולדתי ונקראתי אריה על שם סבי לייב (אריה ביידיש). הברית נערכה כדת משה וישראל. כולם חשבו שאמי השתגעה, אך היא האמינה שזכותו של אביה תגן עלינו.

הוריי גרו בקרקוב עד אחרי לידתי. עברנו לסאנוק לאחר שהחלו הגזרות על היהודים בעיר. בסאנוק אפשר היה עדיין להתפרנס, וסבתי עזרה לאמי לגדל אותי. התגוררנו בבית סבי וסבתי עם כל האנשים האחרים שמצאו מחסה בבית זה. אבי עזר לדודי בחנות. הוא עבד שם עד שהוריי החליטו לעזוב גם את סאנוק ב־1942, כשהייתי בן שנה. אבל כאשר החלו הוריי להתכונן לעזיבה, נוצר מצב שגרם להם לשלוח אותי בבהילות מהבית לכמה חודשים.

אחד מאנשי הוורמאכט, קצין גרמני שהתנגד לנאצים, נהג לבוא לחנות של משפחתי עם אשתו. השניים התאהבו בי ונהגו להביא לי מיני מתנות מהחנות הגרמנית שבעיר. באחד הימים הפציר הקצין באמי שתשלח אותי מהבית בדחיפות. הוא סיפר לה כי בעיירות הקטנות ליד סאנוק לוקחים ילדים קטנים ומרוצצים את ראשיהם אל הקיר. מכר של הוריי, לקוח בחנותם, קישר ביניהם לבין גיסתו והיא לקחה אותי אליה. האישה גרה בכפר לא רחוק, ושהיתי שם כמה חודשים. הוריי לא ביקרו אותי שם כדי שלא איחשף, ואמי הצהירה בפני הגרמנים שנפטרתי. עוד סיפרה לי אמי שהפרידה ממני הייתה עינוי של ממש בשבילה ובשביל אבי: "...היה פחד גדול... זה היה סוף חיי, זה קשה לתאר."

השלטונות הגרמניים אסרו על החזקת דולרים וחפצי ערך. יום אחד הם פלשו לבית משפחתי, חיפשו בכל מקום ובדרך נס פסחו על המגירה הקטנה בשידה, שם היו טמונים הדולרים. אמי זקפה את ה"נס" הזה לזכות השגחתו של אביה, שנוכחותו המגִנה ליוותה אותה לתחושתה לאורך כל המלחמה.

אמי סיפרה על ההכנות הנוספות לקראת עזיבת העיר: "באה האחות מלבוב, הינג'ה, עם הילדים שלה, בת ובן, וגם פרומה, עם בעלה ובתה, וחילקנו לכל אחד ממה שהיה לנו - כסף ויהלומים, וכל אחד הלך לדרכו..."

אותו קצין גרמני שהיה מיודד עם הוריי, סידר להם הסעה בטנדר לעיר קרובה, כדי שייסעו ממנה ברכבת לוורשה. הם לא יכלו לנסוע ישירות מסאנוק משום שהיו מוכרים מאוד שם, והייתה סכנה שימסרו אותם לגרמנים. סבתי נסעה לקרקוב. הינג'ה נסעה לוורשה עם הילדים ופרומה נסעה ללבוב. גם שני הדודים שלי, יעקב וצבי, החליטו לנסוע ללבוב. הרבה מבני המשפחה הוסגרו לידי הגרמנים ולא שרדו.

הוריי הגיעו לוורשה, והתגוררו לא רחוק מהגטו היהודי. היו ברשותם כבר מסמכים המעידים על היותם נוצרים ששמותיהם הלנה והנרי לישצקי. עדיין אפשר היה לסדר כמעט כל דבר בעזרת כסף. האישה שטיפלה בי הביאה אותי לוורשה, לאחר שקיבלה מהוריי הודעה במכתב. גם זאת בזכות

הכסף. שמי צורף למסמכים הנוצריים המזויפים, ונקראתי אוסקר אלכסנדר. גרנו כולנו בחדרון קטן. האישה הנחמדה שהוריי שכרו ממנה את הדירה ידעה שאנו יהודים, וזה היה בסדר גמור מבחינתה.

אין עוד מקום לחיות בו

"...הנק היה כל הזמן אומר: 'את מוכרחה להציל את הילד. ילד כזה של אהבה כמו שלנו, את מוכרחה להציל אותו,' ואני הייתי אומרת: 'הנק, אתה נראה כמו גוי. אני יכולה להציל אותו? איך? באיזה כוחות?'" (אמי, מתוך עדותה למכון לחקר השואה, ארכיון שפילברג).

באותו הזמן הגיעו הוריי למסקנה שהם חייבים לעזוב את ורשה. אמי חששה לצאת מן הבית כי היה לה מראה יהודי. היא נשארה אִתי ושמרה עליי. אבי, שהיה בעל מראה בהיר, היה "יכול ללכת לכל מקום כגוי," כדבריה של אמי. פעם אחת באו אלינו פולנים שהעמידו פנים שהם אנשי גסטפו ולקחו את הוריי. כשהוריי הלכו עמם הם נאלצו להשאיר אותי אצל השכנים. הפולנים שהוריי הלכו עמם היו מוכנים לשחרר אותם תמורת כסף, ולאחר שהוריי שילמו להם הם אכן שוחררו. אולם כשחזרו, גילו שזהותם היהודית נחשפה. בהיעדרם החליפו לי השכנים חיתול והבחינו שאני יהודי. לפיכך הבינו הוריי שהם מוכרחים לברוח. אחותו של אבי שהתגוררה בקרקוב סידרה להם דרך להגיע לעיר בעזרת קומוניסטים ממכריה שפעלו נגד הגרמנים ועזרו ליהודים.

לקראת הנסיעה הלכה אמי למספרה כדי לצבוע את שערה בחזרה לצבעו המקורי – שחור. נרמז לה כי שערה הצבוע לבלונד מעורר חשד. היא הלכה, אבי נשאר אִתי אצל שכנים, ואז הגיע הגסטפו. איני זוכר דבר מהאירוע המכונן ההוא – נדבק ראשוני ומהותי כל כך בחיי – רק את סיפוריה של אמי. למדתי מהם כי הייתי ישוב על הספה, כאשר אנשי הגסטפו הרגו לנגד עיניי את אבי, שהיה לו קשר למחתרת, ובדרך נס הם לא הבחינו בי. עוד סיפרה לי אמי שהיא חזרה ומצאה אותי, ואני הצהרתי שהאנשים הרעים הרגו את אבא ושאהרוג אותם כשאהיה גדול. איני יודע

מה אמרה לי אז, איך ניחמה אותי, מה חשבתי והרגשתי – מה הבנתי, ומה קרה בלילות הראשונים לאחר מכן. אני יודע רק את מה שכתבתי לעיל, שאמי חזרה וצרבה בהווייתי.

כל האירועים האלה התרחשו כשבועיים אחרי השלמת הדיכוי של מרד גטו ורשה. הוריי גרו מחוץ לגטו, ואיני יודע אם היה קשר בין האירועים, וכנראה לעולם לא אדע.

לאחר האירועים האלה, אמי לקחה אותי לידידיה הפולנים בוורשה. היה לה תיק גדול שתחתיתו כפולה, שם החביאה את הדולרים ואת היהלומים שעוד היו ברשותה. ידידתה הלבישה אותה בשחור של אבל וכרכה לה מטפחת סביב פניה. לאחר מכן ליוו אותנו הידידים לרכבת לקרקוב. אמי סיפרה שכחלק מההכנה למה שעומד בפנינו הזהירה אותי שאסור בתכלית האיסור שמישהו יראה אותי משתין.

בקרקוב חיכה לנו איש מהמחתרת, ולדק שמו, והוא לקח אותנו למסתור בביתה של פולנייה שבעלה נהרג במלחמה. האישה התייחסה אלינו טוב ובחיבה אמיתית. אמי שמחה על החיבה שהפגינה כלפיי האישה, שנתנה לי לאכול ונישקה אותי. היא עצמה שרתה באותו זמן באבל כבד, ובילתה שעות בשכיבה על הרצפה ללא יכולת לקום מרוב תשישות נפשית וגופנית.

בינתיים התברר שנדבקתי מהמארחת שלנו בשחפת, ונאלצנו לעזוב את דירתה. ולדק, ידידנו מהמחתרת, התאהב באמי ולקח אותנו לרופאה. זו טענה שיש לי סיכוי טוב להבריא והמליצה לעבור למקום שיש בו אוויר יבש ונקי. אך לאמי לא היה מקום לחיות בו, ולעבור למקום אחר לא היה פשוט כלל – לתחושתה בכל לילה היא עברה למקום אחר, ומכל מקום זרקו אותה.

אמי הפצירה בוולדק שיעזוב אותה, ואמרה לו שהוא לא צריך לסבול בגללה. היא חשה נרדפת, וסיפרה על יום אחד דרמטי במיוחד: "...הרגשתי שהם אחריי. אני עזבתי את הילד אצל אמא שלי (שגם היא הייתה בקרקוב בזהות נוצרית בדויה, ואפשר היה לבקר אצלה רק מדי פעם), הגעתי לבית עם חצר גדולה, שהיו בו שלושה בניינים, לא ידעתי לאן לפנות.

פניתי שמאלה ועליתי עד הקומה השישית או השביעית ודפקתי על הדלת ואמרתי: 'אני אמא של ילד קטן, תעזרו לי...'" אמי ביקשה רחמים, שיעזרו לה להציל את הילד שלה: "רק בשבילו אני חיה!" הפצירה, והאנשים מעבר לדלת ניסו להרגיעה. הם הסבירו לה שלא יוכלו להכניס אותה לביתם, כי אז צפוי לכולם גורל מר, ואמרו שתחכה שם ליד הדלת ובסוף יהיה בסדר. היא עמדה בקומה השביעית ליד החלון ונשבעה בלבה שלא תיתן לגסטפו לתפוס אותה חיה, אלא תשליך את עצמה מלמעלה, והמשיכה להתפלל לאלוהים שיציל אותה בשבילי.

למטה היה שומר לבוש בחולצה כחולה כמו של הגסטפו, ופתאום הבחינה שהוא עולה למעלה. היא התקרבה אל החלון, נחושה בדעתה לקפוץ, ואז הוא אמר לה בפולנית: "הם הלכו לעזאזל!" השומר הביא לה מטפחת, כרך אותה על ראשה ואמר לה ללכת הביתה. היא חזרה אל אמה ואליי בתחושה ברורה שאירע לה נס.

אחרי שהותנו בקרקוב עברנו לכפר קטן וגרנו יחד עם אישה וּבִתה. גם שם אי אפשר היה לנוח והשמועות הקשות הוסיפו להגיע: "...ידעתי שהרגו רבים מבני המשפחה. ידעתי ששני האחים שלי כבר לא בחיים, שאחי הגדול יעקב, לקחו אותו בלבוב ורצו לתת רק לו לצאת, אך הוא הלך עם אחי הצעיר למוות. סיפרו לי." את אמה (סבתי) הניחו לנפשה. האמינו שהיא נוצרייה.

אמי המשיכה לברוח, אך השיעול שלי החמיר, ולא היה לה מקום לטפל בי כמו שצריך. ולדק, איש המחתרת, התגייס לעזרתה וסידר לה דרך להגיע להונגריה, וכך היא סיפרה: "...הוא נורא רצה להתחתן אִתי. אמרתי לו שאם בעלי לא יחזור... הבטחתי לו..." היא עזבה את הכפר והלכה לרופאה. אחר כך עשתה כמצוות ולדק וישבה על הספסל בגן וחיכתה שם לאיש הנושא מטפחת אדומה בכיס הז'קט, כדי שיודיע לה איך תיסע להונגריה. אכן האיש עבר בגן, אמר לה להיות בחמש בתחנת הרכבת, ונתן לה את הכרטיס לנסיעה. לימים נודע לאמי שוולדק נהרג במלחמה.

המעבר להונגריה

אמי התייצבה בתחנת הרכבת אִתי ועם התיק שלה ולבשה כמה שמלות על גופה. היא הייתה רזה מאוד אז, עד כדי כך שיכלה ללבוש את שמלותיה זו על גבי זו בלי למשוך תשומת לב מיוחדת. לפני שעזבה השאירה לאמה ולמען אחותה הינג׳ה וילדיה, שהיו בוורשה והצליחו לשמור על קשר, מעט מהרכוש שהיה לה.

"...הילד שותק. הוא יודע שאסור לו להגיד מילה. ואני הייתי עם המטפחת כמו הגויות מהכפר, ואני מסתכלת לעבר היציאה ובסוף אני רואה שהוא עובר האיש הזה (איש הקשר) ומסמן לי עם היד לרדת עוד שתי תחנות. ואני יוצאת... ושם מחכה לי בחור ולוקח את הילד. הרופאה עוד נתנה לילד כדור שינה – שיישן, אבל הוא לא ישן. אנחנו הולכים, עברנו את הגבול, ששם הרגו הרבה אנשים, ואדוני שמר אותי – זה היה ב־24 באוקטובר – יום ההולדת של מארק, הבן של אחותי. ידעתי שאדוני ייתן לי לעבור בשלום... עברנו גם בתוך מים ואני רואה את הירח משתקף, את היופי של הירח, ואני כל הזמן הולכת אחרי הבחור הזה והילד שלי מתבונן עליי בעיניים פקוחות – הוא לא ישן" (אמי, מתוך עדותה למכון לחקר השואה, ארכיון שפילברג).

עברנו בצ׳כוסלובקיה, שם הכניסו אותנו לכפר כלשהו והסתירו אותנו בתבואה, הביאו משהו לאכול ולמחרת עברנו הלאה. לבסוף הגענו לבודפשט. הגרמנים עדיין לא הגיעו לעיר. אמי סיפרה שהסתובבה בעיר כשאני על הידיים שלה ובכתה – לא יכלה לשאת את זה – כאן רוקדים ושם כולם הולכים למות.

באוקטובר 1943 שלחו אותנו לעיירה טאב (Tab), שם היה ריכוז של פליטים פולנים. בהתחלה גרנו אצל משפחה יהודית, אך האישה לא סבלה את אמי, משום שחשבה כי בעלה חושק בה. לכן אמי נאלצה לעזוב, ומצאה מקום מגורים אצל שתי הונגריות נחמדות. עדיין היה לה כסף, והיא הצליחה לדאוג לי לאוכל טוב ולתנאים טובים יחסית, כמצוות הרופאה.

ב־1944 הגרמנים כבר פלשו להונגריה והתחילו לעשות סלקציה – מי יהודי ומי לא. אמי עשתה כמיטב יכולתה כדי להיראות נוצרייה ואף צבעה שוב את שערותיה, לדבריה: "...עשיתי מה שיכולתי... כדי להינצל. אבל לא מצאתי חן בעיניהם בתור גויה..." לשם אישורה כנוצרייה הובא מצ'כוסלובקיה כומר שהבין פולנית. אמי עמדה לפניו, ודקלמה חלק מהתפילה שזכרה מימי לימודיה בבית הספר הפולני, אחר כך מלמלה בכוונה רבה: "Matka Boska Czestochowska"[3] (אם האלוהים מצ'נסטוחובה), הוסיפה לעבר הכומר שאינה זוכרת עוד דבר וביקשה את עזרתו. הכומר אישר שהיא נוצרייה, והפולני האחראי לרישום רשם בפנקסו: לישצקה הלנה ואוסקר אלכסנדר (שמותינו הבדויים בפולנית).

"הלכתי הביתה אל האישה שחייתי אצלה. הרבה אנשים גרו שם, ובאו לקחת את היהודים מטאב, ואותי עזבו כי אני הגויה. ומה לעשות עכשיו? אני שומעת שהיהודים הולכים וכל אחד עושה משהו ומי יעזור לי?" (אמי, מתוך עדות למכון לחקר השואה, ארכיון שפילברג).

כל הנשארים היו צריכים לעבוד, ואמי לא מצאה פתרון שיכלול אותי. היא ניסתה למצוא מסתור אצל משפחה במרחק מה מהעיירה טאב, אך המשפחה לא הסכימה להסתיר אותנו מפחד שנחשוף אותם. אמי הרגישה שוב לכודה ללא מוצא.

בבוקר אחרי שחזרנו לטאב בא אליה מכר אחד ואמר לה שמצא עבורה עבודה באכסניה בבלטון פירד[4] (Balaton fured), עיירת נופש בהונגריה, ומחר עליה לנסוע לשם. אמי חשה שזה משמים. היא נסעה לבלטון

3 איקונין נערץ של מרים אם ישו השמור בקפלה הקרויה על שמה במנזר "יאסנה גורה" (מנזר הר האור) בעיר צ'נסטוחובה שבפולין. מאז 1656 נחשבת המדונה השחורה למלכת המדינה ולמגינתה.

4 עיירת נופש, עיר מרכזית ומרכז אזורי בצדו הצפוני של אגם בלטון, הנמצא בהונגריה והגדול ביותר במרכז אירופה.

פירד, ובעלי המקום, זוג מבוגר, קיבלו אותה לעבודה ונתנו לה קודם כול לאכול. היא אכלה מהר, כי זכרה שבפולין היה נהוג לומר שכדי לעמוד על טיבה של עוזרת חדשה נותנים לה קודם כול לאכול – אם היא אוכלת מהר, סימן שהיא עובדת טוב. מלבד זאת היא הייתה רעבה מאוד כמובן.

גרנו בחדר בעליית הגג, ואמי בישלה וניקתה את כל החדרים ושירתה את האורחים באכסניה. היא סיפרה לי שידעתי כי עליי לשכב בשקט במיטה כשהיא הולכת לעבודתה ולחכות עד שהיא תוכל להוריד אותי. העבודה הייתה קשה מאוד, במיוחד בשבת, כשהדיירים היו חוזרים שיכורים.

באחד מימי ראשון, כשהלכה אתי לכנסייה כמנהג המקום, הבחינה אמי באישה צעירה עם ילד בחצר של אחד הבתים. היא פנתה לאישה בהונגרית (שנינו כבר דיברנו הונגרית שוטפת), וביקשה שתקבל אותה לעבודה אצלה אפילו תמורת אוכל בלבד. האישה, מנצי שמה, לקחה אותנו אליה. היא התגוררה בבית עם שלושת ילדיה ועם אמא שלה. אביה, רוקח ובעל בית מרקחת שכבר לא חי באותה עת, היה יהודי. משנפטר, עבדו מנצי ובעלה בבית המרקחת. אמי סיפרה שעם המעבר חזרה אליה היכולת לנשום בחופשיות. היא גרה בווילה גדולה, טיפלה בילדים של מנצי ובי, ולא הייתה צריכה להסתיר את יהדותנו.

אך כשהגרמנים הגיעו לבלטון פירד פחדה מנצי שמא יגלו שאביה היה יהודי והיא החליטה לברוח. נשארנו בבית עם הסבתא. התנאים השתנו לרעה. לא היה אוכל. אמי הייתה הולכת קילומטרים ברגל כדי לחפש בשבילי חלב וביצים וחתיכת חמאה. פעם אחת כשחזרה הביתה, ראתה במבואה כובע של שוטר והתחילה לרעוד. השוטר אמר שהוא מצטער מאוד, אבל היא חייבת לעזוב את בלטון פירד, והפעם באה ההצלה מכיווני, כפי שסיפרה: ״...ובינתיים אריה, הקטן, יוצא מהחדר השני, שם ישן, ואומר בהונגרית: ׳אני מנשק את הידיים שלך...׳ (ברכה מקובלת בהונגרית), ואמרתי – ׳אתה רואה את הילד הזה? עכשיו חורף, ואין לו מה ללבוש. אתה רוצה שאני אלך אתו עכשיו?׳״ השוטר אמר שכל מי שלא

הונגרי צריך ללכת, ואמי אמרה שהיא תלך רק מתחת לרכבת... לאחר מכן השוטר שאל את הסבתא אם היא רוצה לאמץ את אמי לבת, ולמרבה המזל הסבתא הסכימה.

סוף המלחמה

אמי ואני נשארנו בבלטון פירד עד סוף המלחמה. מדי פעם היה עליה להתייצב במשטרה, והשוטרים עזרו לה, שלחו סוכר וקמח ועוד מצרכים. אבל אחר כך הגיעו הרוסים, והם לא התנהגו כלפי הנשים טוב יותר מהגרמנים.

בינתיים בנימין, אחיה של אמי, ביקש בשבילה סרטיפיקט ושלחו לה אותו לבודפשט כי לא ידעו היכן היא נמצאת. בעקבות זאת חזרנו לבודפשט וגרנו בחדרון קטן. כסף כבר לא היה, והאוכל היה ממש במשורה. אמי מצאה עבודה זמנית ונאלצה להשאיר אותי לבדי, אך משחזרה מהעבודה ומצאה אותי מלוכלך ובוכה חשה שהיא לא מסוגלת לעזוב אותי עוד לבדי אחרי כל מה שעברנו. לכן נשארנו שם עוד ימים אחדים. לימים סיפרה לי אמי שחליתי בדיזנטריה קשה, ולרופא לא הייתה ברירה אלא לתת לי עירוי מהדם שלה, אף על פי שלא היו לו אמצעים לבדוק את ההתאמה בינינו. לאחר שעות קשות שבהן הייתי נפוח כולי, ואמי נחרדה כולה למחשבה שהכול באשמתה, פקחתי לבסוף את עיניי.

מבודפשט חזרנו לסאנוק בעגלה. סבתי, אחות אמי וילדיה היו שם: "... הם חשבו שאני כבר לא בחיים. הם ראו שאנשים מתחילים לחזור ואני לא חוזרת, הם חשבו שאני מתה. הייתה שמחה גדולה" (אמי, מתוך עדותה למכון לחקר השואה, ארכיון שפילברג).

זהו פחות או יותר סיפור השורשים שלי וסיפורן של שנותיי הראשונות. כך, בעור שיניה ממש ובתחושה חזקה של השגחה אלוהית וזכות אבות, שמרה עליי אמי עד סוף המלחמה. מסאנוק נסענו מהר מאוד לקרקוב, שם היו לאמי ידידים שהתגוררו אצל משפחתה בזמן המלחמה, והם נתנו לנו חדר בדירה שלהם. פרק חדש התחיל בחיי.

.3

ילדות בצל המלחמה

אחרי המלחמה חזרנו לקרקוב, והייתי כבן ארבע וחצי. בשנת 1947 מלאו לי שש, ומתקופה זו כבר יש לי זיכרונות משלי – מכיתה א׳, מבית הספר ומהשלג שכיסה את קרקוב בחורף. זיכרונותיי הבולטים קשורים לאירועים סביב השלג ובעיקר להחלקה על הוואוול[5] המפורסם של קרקוב. זהו מבצר עתיק של מלכי פולין. בחצרו הענקית נוצר בחורף משטח החלקה מאולתר, וכל ילדי העיר נקבצו אליו כדי להחליק על הקרח.

כל הילדים בסביבתי היו חדשים ולא היו לי חברים קרובים, בייחוד בהתחלה. אמי ואני, ואחרי כן גם אבי החורג שהצטרף אלינו, גרנו בחדר בקומה שנייה ברחוב סטרווישנה 8, רחוב מרכזי למדי ששדרות עצים משני צדדיו. הבניין שגרנו בו היה בנוי סביב חצר פנימית (שיטת בנייה נהוגה באירופה של אז), ובה נהגתי לשחק. הבניינים ברחוב היו ישנים ואפורים ברובם. בקומה שגרנו בה היו שישה חדרים לאורך הפרוזדור, וחדר השירותים היה משותף לכולם. בחדר הסמוך לשלנו גרה הינג׳ה, אחותה של אמי, עם ילדיה. בן דודי מארק היה מבוגר ממני בכחמש שנים ואחותו

---

5 מצודת וואוול (Zamek Królewski na Wawelu). על גבעת וואוול, המשקיפה על קרקוב מגובה של 228 מטרים, נמצאים שניים מהאתרים המפורסמים ביותר של פולין: מצודת וואוול וקתדרלת וואוול. המצודה המלכותית מהמאה ה־11 היא מבנה מרהיב שבין השאר שימש כבית הפרלמנט (סיים) הפולני וכמבצר צבאי. כיום פועל בה מוזיאון.

הגדולה סטפה – בשבע שנים. הקשרים העיקריים שלנו היו בתוך המשפחה עם דודתי ועם ילדיה, ולא היה לי קשר מיוחד עם השכנים.

נהגתי לשבת במרפסת ולהביט על הרחוב ועל המכוניות, זה היה בשנת 1947, ובחוצות כבר נראו גם מכוניות בודדות לצד העגלות והסוסים. בפינת הרחוב שכנה מסבאה שבחלונה הוצגו בכל שבוע תוצאות משחקי הכדורגל – נקודת משיכה עבורי.

למדתי בבית הספר היהודי "תרבות". שפת ההוראה בו הייתה פולנית, אך למדנו גם עברית. אני עדיין זוכר את קופסת הקרן הקיימת התלויה על הקיר ואת התרומות שהיינו מביאים בכל יום שישי. אך הדבר החשוב ביותר, יותר מענייני הציונות, היה שתי קבוצות הכדורגל היריבות של קרקוב, שהיו כמובן נושא לדיון נלהב בין הבנים. תמיד התעניינתי בכדורגל, והייתי מחכה בדריכות לתוצאות המשחקים בין שתי הקבוצות. אני אהדתי את קבוצת ויסלה קרקוב.[6] לקבוצה השנייה קראו קרקוביה, וכנראה היו בה הרבה אנטישמים. חינכו אותי שקרקוביה זה לא טוב, שאני רק ויסלה.

האנטישמיות הייתה חלק מחיי אז. זכור לי שבילדותי ההליכה ברגל לבית הספר, כשילדים פולנים דולקים אחריי כדי להרביץ לי, הייתה אירוע די שכיח, חלק מהחיים. ידעתי שהם מחכים לי בדרך, והשתדלתי להיעלם להם, לחמוק. לא יכולתי לעשות הרבה כנגדם. הייתי רק ילד קטן בכיתה א׳.

בדרך כלל הלכתי לבית הספר ברגל, הלוך וחזור. לעתים, כשירד שלג, אני זוכר גם את הנסיעה בחשמלית, שהייתה אהובה עליי מאוד.

נראה שאמי חשה כי היא תתקשה לגדל אותי לבדה, וב־1947, כשנתיים אחרי שחזרנו לקרקוב, התחתנה אמי עם יוסף הרצוג. ההיכרות ביניהם התרחשה ככל הנראה במועדון הקהילה היהודית בעיר, שנוסד בין היתר כדי לאפשר פגישות והיכרויות. כל המבקרים שם היו פליטים שאיבדו את

---

6 ויסלה קרקוב, בפולנית Wisła Kraków: (נֶהֱגָה: ויסווה קרקוף), היא קבוצת כדורגל הפועלת בעיר קרקוב שבפולין ונקראת על שם נהר הוויסלה הזורם בעיר. הקבוצה היא אחת מקבוצת הכדורגל הבולטות והמצליחות בפולין.

ביתם ואת משפחתם וחיפשו קרובים שנעלמו, פרנסה וחום משפחתי. יוסף היה נשוי בעבר, ואשתו נהרגה בזמן המלחמה. את רוב תקופת המלחמה הוא עבר במחנות עבודה של הגרמנים וניצל. לא היו לו ילדים משלו והוא אימץ אותי. לכן שם משפחתי הרצוג, כשם משפחתו. אהבתי אותו, ושמחתי שהפך לאבי והיה לי עוד מישהו לדבר אתו.

איני יודע בדיוק כיצד התפרנסו הוריי בתקופה הזו. ידוע לי שאמי הייתה פעילה בארגונים יהודיים עוד לפני המלחמה, ולאחר המלחמה הייתה פעילה בויצו. ייתכן שהיא קיבלה משם שכר. אבי החורג היה עורך דין. הוא עבד במקצועו לפני המלחמה וכנראה גם אחריה – אני זוכר אותו הולך לעבודה. כך או אחרת, לא חוויתי תחושת עוני ולא הייתי חריג. כולם סביבנו חיו באותה צורה וכל זמן שהיו כדורגל ואוכל לא הייתה בעיה...

אמי וגם אבי החורג לא נהגו לדבר על השואה ולהזכיר כמעט דבר בקשר אליה. הם ניסו להתמקד בעתיד, ואני לא ממש שאלתי. חינכו אותי לא לשאול יותר מדי שאלות. זה היה חלק מהתרבות. המשטר היה קומוניסטי ומסוגר וצריך היה להיזהר. אך זכורה לי האווירה של העיר הזאת, שהייתה בה קהילה יהודית קטנה, כולם חיפשו את כולם כל הזמן, חיפשו קרובים כאלה או אחרים שאולי במקרה ניצלו. אני זוכר את הדיבורים בנוסח "איפה זה" ו"איפה ההוא"... גם אמי חיפשה בני משפחה נוספים.

דודתי הינג'ה, אחות אמי, ושני ילדיה עברו חלק ניכר מהמלחמה בחברת הפרטיזנים ביערות. למרבה המזל הם לא הגיעו אל מחנות ההשמדה, ואחרי המלחמה חזרו לקרקוב. סבתי מצד אמי, מלכה־גיטל, נשארה בקרקוב כל שנות המלחמה בזהות נוצרית בדויה וכך ניצלה. בשלב כלשהו מצאו הינג'ה ומלכה־גיטל זו את זו, ואחרי כן הן מצאו אותנו. סבתי גרה יחד עם הינג'ה וילדיה בחדר סמוך לנו בבניין שגרנו בו. שני אחיה של אמי, יעקב וצבי (הרשי), לא שרדו.

אל סבתי התוודעתי מחדש רק אחרי המלחמה. אפשר לומר שרק אז הכרתי אותה, כי למעשה לא זכרתי אותה מהתקופה שלפני כן. היא לא ממש תפקדה כסבתא, כנראה הייתה עדיין בהלם בשל מוראות המלחמה.

לבסוף היא עלתה לישראל עם דודתי הינג'ה (אחרי שעלינו אנחנו), בגיל מבוגר מאוד והמשיכה להתגורר עמה עד סוף חייה.

העלייה לישראל

באוקטובר 1949 יצאנו לדרך. אבי החורג לא ממש אהב את רעיון העלייה לארץ. הוא הרגיש טוב בפולין, ולא חשב שהוא צריך לחיות דווקא בין יהודים. האידיאולוגיה הקומוניסטית דבקה בו, והעובדה שהקומוניסטים בעצם הצליחו בסוף לנצח את הנאצים הרשימה אותו.

להסתייגותו מהעלייה היו גם סיבות כלכליות ומקצועיות – הוא התקשה לתפקד בסביבה קפיטליסטית, וידע שישראל למעשה קפיטליסטית יותר מפולין. כעורך דין התמחה אבי בחוק הפולני ולא בחוק הבריטי, הנהוג בישראל, עובדה שהעמידה אותו בפני קשיים מקצועיים. גם השפה היוותה מכשול – אבי לא ידע אנגלית ולא עברית. הוא דיבר פולנית וגרמנית כנהוג בין המשכילים בפולין. התחזית לא הייתה ורודה. היה ברור לו שמצבו הולך להיות רע, אבל בסופו של דבר הציונות של אמי הכריעה את הכף לטובת עלייה לישראל. מבחינתה לא היו ברירות אחרות.

אני עצמי הייתי סקרן לגבי העלייה, אם כי לא בדיוק הבנתי במה היא כרוכה. רק ידעתי שבישראל יש לי דוד ושלושה בני דודים ושהמבוגר ביניהם בגילי. כמו כן היה לי ברור שההורים מחליטים, כך שמבחינתי לא הייתה התלבטות.

את דרכנו ארצה התחלנו באיטליה. נסענו לשם ברכבת ושהינו כמה ימים או שבועות בבארי, דרום איטליה, שם היה מחנה גדול של עולים, ואחר כך העלו אותם לישראל באנייה, קבוצות־קבוצות. דבר אחד חרות בזיכרוני מהנסיעה ברכבת: כשהגענו לגבול פולין באו אנשי משמר הגבול הפולני וערכו בדיקות. היו לנו אישורי יציאה מפולין והצגנו אותם. החיילים ממשמר הגבול הסתכלו על אבי החורג ואמרו לו:

"...יש לך שעון יפה וטבעת. אתה רוצה לנסוע? אתה מבין מה אנחנו אומרים לך?!" אבי הבין היטב את דבריהם ונתן להם מה שדרשו.

באותו עניין – אני זוכר ששנים רבות לאחר מכן, זמן קצר אחרי התמוטטות ברית המועצות, ביקרתי בצ׳כוסלובקיה כאשר עדיין שרר שם משטר עם סממנים קומוניסטיים. נסענו במכונית לכיוון הרי הקרפטים במטרה לעלות לאחת הפסגות. שוטר מקומי עצר את התנועה והסביר שהיום אין אפשרות לעלות על הרכבל. המשמעות הייתה ברורה: אם רוצים לעלות היום להר, אז השוטר הזה צריך לקבל משהו... לא יעזור, כך העניינים התנהלו שם. זאת הדרך להגדלת ההכנסה שלו. כך בדיוק היה כשיצאנו מפולין. אני ממש זוכר כיצד הסיר אבי את טבעתו, טבעת גדולה ויפה כזאת, ואת שעונו ונתן להם – ושלום!

הסתגלות

מבארי הפלגנו באנייה ששמה ״גלילה״. הגענו לחוף בחיפה, ועברנו את התהליך שעברו כל העולים – חיטוי, ניקוי וריסוס בדי־די־טי. שיכנו אותנו, כמו את כל העולים, באוהלים במחנה ״שער העלייה״ בחיפה. מאוחר יותר עברנו למחנה עולים אחר באזור נתניה, אך איני זוכר בדיוק את מיקומו. אחרי זמן מה עברנו למלון בהרצליה דרך קשריו ובמימונו של דודי בנימין – אחיה של אמי, שכבר היה לו ותק בארץ.

כמו כולם באותה תקופה גם הוריי חיפשו את ה״פרוטקציה״ – מילה חשובה ביותר באותם ימים. אמי, פעילת ויצו, ״טופלה״ על ידי המפלגה הפרוגרסיבית.[7] קיבלנו דירה בשיכון של המפלגה – ״מעונות״. השיכון נבנה על גבעה חולית בין ישגב לרמת החייל בתל אביב. היו בו בתים דו־משפחתיים קטנים. ככל הבתים גם ביתנו היה קטן: חדר ופינת בישול וחדרון קטנטן נוסף למקלחת ולשירותים. הוא עמד על שטח של רבע דונם. דיירי השכונה השקיעו בטיפוח בתיהם, שתלו צמחים והקימו גדרות, ובמשך השנים הרחיבו את הבתים ושיפצו אותם. גם הוריי עשו כך.

---

7 המפלגה הפרוגרסיבית – מפלגת מרכז ליברלית אשר פעלה בישראל בשנות החמישים.

הקליטה של אבי הייתה קשה. חוסר הידע שלו בעברית העמיד בפניו מכשול. הוא לא רצה לגשת לבחינות ההסמכה של עורכי דין, כי ידע שאין לו מספיק ידע. גם כעבור כמה שנים, לאחר שכבר למד עברית, לא היה מוכן ליטול את הסיכון ולנסות. הוא היה אדם זהיר מאוד ושקול. בתחילה הוא עבד בחקלאות, בעבודות עונתיות כמו קטיף ואחרות. אחר כך עבד במשרות פקידותיות שונות. תקופה מסוימת ניהל את הארכיון של קופת חולים מכבי ולאחר מכן את הארכיון של הסוכנות היהודית. העבודות האלה לא מיצו את יכולותיו והניבו משכורות לא גבוהות.

אבי היה די ממורמר, אבל מצא אפיק לביטוי אישי בתחביביו, והקדיש להם זמן רב. הוא בנה מיניאטורות מעץ, ופעם בנה כפר פולני שלם. במשך השנים הוצגו המיניאטורות מעשה ידיו בתערוכות מטעם עיריית תל אביב, והתחביב הזה הסב לו נחת. הוא גם אהב מאוד ציפורים. היו לו הרבה יונים ותוכים ננסיים ועוד ציפורים רבות מסוגים שונים, והוא בנה עבורן ביתן אבן עם שובכים. זו הייתה נקודת משיכה לחבריי. יכולתי להביאם לשם. חיות בכלל היו חלק חשוב מחיי אבי. תמיד היה לנו כלב בבית. הראשון זכור לי במיוחד - כלב מלטזי מתולתל ולבן ששמר בחירוף נפש על הכניסה לבית והפחיד תמיד את חבריי.

אמי עבדה כל השנים בויצו, והייתה דמות מוכרת בהנהלה. היא הייתה ממונה על ארגון אירועים ותרומות במחוז תל אביב. מתוקף תפקידה הסתובבה הרבה בעיר ופגשה פעילות בארגון.

מבחינת קשרים עם המשפחה הרחבה יותר, היינו בקשר בעיקר עם בנימין, אחיה של אמי. לאמי היו גם הרבה חברות בתל אביב בזכות פעילותה הציבורית, וכן היו להוריי חברים משותפים שהכירו עוד בחוץ לארץ, מהתקופה שלפני המלחמה. אמי הייתה הממונה העיקרית על שמירת הקשרים וטיפוחם.

בבית הוריי הקפידה אמי על כשרות ועל ארוחות ליל שבת ולא נסעה בשבת. עם זאת, חונכתי לפתיחות לרעיונות ולדרכי מחשבה של אחרים ונגד קיצוניות. כמו כן הוקדש ללימודים מקום משמעותי וחשוב מאוד

בחינוכי. באופן כללי הוריי אפשרו לי לעשות כמעט כל מה שרציתי, כנראה סמכו עליי.

הוריי חיו בצנעה רבה. היה להם בית קטן, ולא היה להם שום רכוש. הם גם לא יכלו לצבור רכוש משום שההכנסות שלהם לא אפשרו זאת. גם אז, או בייחוד אז, היו משרות מפלגתיות, ואבי התעקש לא לפנות אליהן אלא רק למשרות שהוא יכול להשיג בכוחות עצמו. כילד לא סבלתי במיוחד מהמצב, אך להם היה קשה. להוריי היה חשוב מאוד שאזכה להשכלה גבוהה ושאלך לטכניון, וכשבחרתי ללמוד אווירונאוטיקה הם היו מרוצים וגאים.

אז בבית הספר (1955–1951)

בשיכון מעונות היו הרבה ילדים. בית ספר עממי לא היה בשכונה, ואני, כמו רוב הילדים, הלכתי לבית ספר מאולתר בהדר יוסף. כבישים לא היו אז, אלא רק דרכי עפר, ובכל השכונה - שעמדו בה כמה עשרות בתים - היה רק איש אחד שבבעלותו רכב. זו הייתה מכונית פח קטנה בעלת שלושה גלגלים, ובה היינו נוסעים בבוקר לבית הספר, אם התמזל מזלנו. במקרים אחרים היינו הולכים כחצי שעה ברגל לבית הספר. ההליכה הזו לא תמיד הייתה נעימה, בייחוד בחורף. רק שנתיים לאחר שעברנו לגור בשכונה נבנה בקרבת מקום, בשיכון דן, בית ספר יסודי אזורי שכל ילדי השכונה למדו בו.

על העברית השתלטתי מהר. לימוד שפה הוא בדרך כלל עניין פשוט יחסית לילדים. גם רוב חבריי לכיתה בבית הספר בשיכון דן היו עולים חדשים. תחושת הישראליות הגאה והעצמאית התפתחה אצלי די מהר. בבית הספר וגם בתנועת הנוער טיפחו מאוד את התחושה הזו. היה לי מחנך נחמד מאוד, אך במיוחד נחרת בזיכרוני המורה לספורט, זכריה עופרי,[8]

8 זכריה עופרי הוא כדורסלן עבר ישראלי ששיחק בתפקיד הסנטר בקבוצת מכבי תל אביב ובנבחרת ישראל של שנות החמישים. עופרי נחשב לאחד מראשוני הכוכבים בכדורסל הישראלי.

בשעתו שחקן כדורסל מפורסם במכבי תל אביב. הוא היה דמות נערצת בבית הספר ושמחתי מאוד שהוא היה המורה שלי.

הייתי חבר בתנועת הנוער של השכונה – הנוער הציוני,[9] שהיה לה קשר למפלגה הפרוגרסיבית. כל ילדי השכונה וגם ילדים משכונות אחרות הלכו לתנועת הנוער הזאת. זו הייתה התנועה המרכזית באזור. הדבר החשוב ביותר בעיניי היה שולחן הפינג פונג במועדון של הקן... הייתי בא למועדון עם חבריי כדי לשחק בו.

מגיל צעיר נמשכתי מאוד למטוסים ולטיסה. עד היום אני שומר את אוסף החוברות של "ביטאון חיל האוויר",[10] שהתחלתי לאסוף אז, סמוך מאוד לזמן יציאתו לאור. בניתי גם דגמי קרטון של מטוסים מדפי העבודה שהיו מצורפים לביטאון. נוסף על כך, התעניינתי בכל סוגי המטוסים ובהבדלים ביניהם. הייתי נלהב מאוד מהתחום הזה, והיו לי חלומות על טיסה. אך ידעתי, כבר אז, שיש לי מגבלה בריאותית בגלל השחפת, והנחתי שלא יתאפשר לי להיות טייס. ספרים קראתי בלי סוף, בעיקר ספרי הרפתקאות. קראתי כל ספר הרפתקאות שיצא לאור. לא הבנתי איך אני לא מספיק לקרוא הכול על אף תאוות הקריאה שלי.

החוויות המשמעותיות שלי מתקופת בית הספר היסודי קשורות לחִברות ולידיעת הארץ. אז התחלתי להכיר את הארץ בעיקר דרך טיולים עם התנועה. הוריי לא היו טיילים גדולים, ולרוב היו הטיולים המשותפים שלנו פרי יוזמתי, למעט מקרים מיוחדים, כמו הפעם הראשונה שנסענו לאילת. דודי בנימין היה שותף במלון באילת, ובאחת ההזדמנויות,

---

9 תנועת נוער יהודית־ציונית. נוסדה בפולין ב־1926. ב־1932 הפכה לארגון גג של תנועות נוער ציוניות חילוניות, כמשקל נגד ל"השומר הצעיר" בעלת הגוון המרקסיסטי. התנועה התפשטה בכל ארצות מזרח אירופה ומרכז אירופה. הזרוע ההתיישבותית של התנועה הקימה יותר משלושים ישובים, וביניהם: אושה, תל יצחק, עין השלושה ועוד; נוסף על כך הקימה התנועה הזו כפרי נוער – כמו אלוני יצחק וכפר הנוער ניצנים – ואת מכון משואה, המשמש להוראת השואה.

10 ביטאון חיל האוויר הוקם ב־2 בספטמבר 1948.

כשהתפנה מקום, הזמין אותנו לבוא לסוף שבוע. זה היה המלון הראשון על רצועת החוף באילת – "מלכת שבא" (כיום "הילטון־מלכת שבא"). לא הייתה אז דרך סלולה לאילת. נסענו באוטובוס בדרכי עפר שעברו את מעלה עקרבים. היה זה מין מסע הרפתקאות שארך יום שלם. אילת כולה מנתה אז רק כמה בתים ובית מלון אחד ששכן על החוף, וממנו נפרש החול עד המים. הנופשים כללו שני סוגים של אנשים: המכובדים – בעיקר תיירים שגרו במלון, ואנחנו, באדיבותו של דודי, נמנינו עמם – והאחרים, שהשתכנו באוהלים על שפת המים.

דודי היה חלוץ מסוגו. הוא היה חבר בית"ר ותעשיין טקסטיל. הוא היה בעלים של מפעל גדול ושל עוד עסקים. במושגי התקופה ההיא הוא נחשב אמיד והחזיק בבעלותו מכונית, תופעה די נדירה אז. להוריי למשל לא הייתה מכונית מעולם. לכן הצטרפנו אליו לטיולים שיזם והוביל, וחזרנו מהם תמיד עמוסי חוויות. הפעמים הראשונות שביקרנו בירושלים ובגליל היו בחברתו.

בעירוני ד' (1959–1955)

לימודיי התיכוניים עברו עליי ב"עירוני ד'" בתל אביב, שנחשב אז לאחד התיכונים הטובים והתובעניים בעיר, ואני הייתי משקיען וחנון שענייני הלימודים העסיקו אותו מאוד. למדתי במגמה ריאלית. זאת הייתה הנטייה שלי כבר מגיל צעיר.

שניים מבין מוריי בתיכון זכורים לי במיוחד: הראשון – יצחק המורה למתמטיקה, שהיה איש מבוגר. אהבתי מאוד מתמטיקה, וליצחק הייתה דרך הוראה מעניינת ומאתגרת. הוא גם התבטא באופן ייחודי. פעם הוא נתן לנו בחינת פתע ואף אחד מהתלמידים לא הצליח בה. בשיעור לאחר מכן הוא נכנס לכיתה, הסתכל עלינו במבט חמור, הניח את הבחינות בצד ואמר: "כיתה י"א ריאלית, כולם מטומטמים!" אני לא יכול לשכוח את המשפט הזה עד היום. כולנו צחקנו כמובן. היה זה חלק מההווי.

השנייה שנחרתה בזיכרוני הייתה רחל המורה לאנגלית, טיפוס צבעוני

ומיוחד. האופן שבו העבירה את החומר ואישיותה גרמו לנו לאהוב את שיעורי האנגלית. גם ממנה נותר לי זיכרון שקשור בבחינות ובהערות ייחודיות. רחל נהגה לרשום את הערותיה על גבי טופסי המבחנים שלנו בעט ירוק. כשמישהו לא ידע להשיב על שאלה בעל פה, היא הייתה עוברת לידו, מחווה בידה צורת אפס ואומרת: "הציון הוא: Big, Fat, Green ZERO". האמירה הזו תמיד הצחיקה אותי. שני המורים האלה ניחנו ביכולת לאתגר ולהחזיק כיתה של מתבגרים בזכות אישיותם, והם זכורים לי לטוב.

גם בתקופת התיכון טיילתי הרבה במסגרת התנועה ועם חברים. מגיל חמש־עשרה בערך הייתי נוסע עם חברים באוטובוס או בטרמפים ליעדים שונים, בעיקר בגליל או בנגב, ומטייל אתם ברגל. גם מטעם בית הספר נערכו טיולים ואירוח של סופי שבוע בקיבוצים ובמושבים שונים. זכור לי שביקרנו בגדות ופעם אחרת במבוא בית"ר. בשני המקרים לקחנו חלק בכל מיני עבודות חקלאיות.

היו לי לא מעט חברים טובים בתקופת התיכון, מעין חבורה שכונתית. אחד מהם נשאר חבר טוב מאוד שלי גם בהמשך – עמוס שחם ז"ל (אז בורשטיין), שנפטר לאחרונה לצערי הרב. למדנו יחד ונסענו יחד לבית הספר. עם חברים אחרים הייתי מתראה בבילויים ובמסיבות של הכיתה או של ה"חֶבְרֶ'ה" בערב או בסופי שבוע. המסיבות של הכיתה בדרך כלל היו שונות מהמסיבות של החֶבְרֶ'ה. זו הייתה תקופת הסלואו והריקודים הצמודים, וגם אותי העסיקו ענייני בנות, כמו את כולם. בתקופה זו דעכה הפעילות בקבוצה בנוער הציוני, והיו לי לא מעט חברים מתנועות אחרות שהפכו למעין חבורה קבועה שנהגה להיפגש פעמים רבות בימי שישי למשחקי קלפים ולפיצוח גרעינים.

נהגנו להאזין למוזיקה של שנות החמישים וללהקות כמו "The Platters"[11]

11 הפלאטרס (The Platters), בתרגום חופשי התקליטים, היה הרכב קולי אמריקאי שפעל בתקופת הרוקנ'רול, גוספל והרית'ם אנד בלוז. ההרכב הוקם בשנת 1953 ופועל, בהרכבים משתנים, עד היום. מבין להיטיו הידועים: Only You, The Great Pretender ו־Twilight Time.

ואחרות. באותה תקופה התחלתי להכיר גם מוזיקה קלאסית. אפשר לזקוף את ההיכרות לזכות השחפת שלי. בקרבת מקום לליגה למניעת השחפת, ברחוב חובבי ציון בתל אביב, הייתה חנות תקליטים. בכל פעם שנסעתי לשם לצורך מעקב אחר המחלה הייתי נכנס לחנות להאזין למוזיקה וגם רוכש תקליטים. חקרתי, התפתחתי, וכאשר משהו מצא חן בעיניי, האזנתי שוב ולבסוף בניתי לעצמי אוסף רציני של יצירות קלאסיות. בבית הייתי שומע לא מעט מוזיקה קלאסית, אבל גם את כל המוזיקה התקופתית. המעקב אחרי השחפת, אגב, נמשך כמה שנים נוספות. אחר כך הוא נפסק, והזכר לשחפת נותר רק באחוזי הכושר הקרבי שלי.

גיבורי הנערות שלי היו דוד בן גוריון, משה דיין ודומיהם. הערצתי אותם. אין זה מפתיע בהתחשב באווירה הלאומית־ממלכתית ששררה בתקופה ההיא בחסות השלטונות. הייתי מעורה בענייני השעה, ונהגתי לקרוא עיתון בכל יום.

בקבוצת החברים ניהלנו הרבה ויכוחים, כמעט על כל נושא. בזמן בחירות היינו רבים, אף על פי שעדיין לא הייתה לנו זכות בחירה. נהגתי ללכת גם לאסיפות בחירות, והתעניינתי מאוד בתעמולה. שמעתי את אבא אבן ואת בגין נואמים, והנאומים שלהם היו מרתקים ביותר. בבית לא דיברו כל כך על הבחירות, אך לי היה אכפת והייתי מעורב.

רדיו לא היה נפוץ כל כך בתקופה ההיא. לאחר שהוריי רכשו רדיו בפעם הראשונה, ביליתי די הרבה בהאזנה. אני זוכר למשל את תוכנית ההומור של דן בן אמוץ וחיים חפר – "שלושה בסירה אחת". היה בה הרבה ברק ולא החמצתי אף שידור שלה.

בתקופת התיכון שלי או מעט אחריה היו אירועים מסוימים שטבעו בי את חותמם: מלחמת סיני ב־1956 הייתה טראומה רצינית. למדתי אז בתיכון, ואני זוכר את החששות שרווחו בשכונה ואצל הוריי באופן ספציפי. חפרנו שוחה בחצר הבית, למקרה שיהיה צורך להתחבא מההפצצות של המצרים. לאורך כל המלחמה היו להוריי פחדים וחששות. מן הסתם העלתה אצלם המלחמה טראומות קיומיות.

אני זוכר שאבי היה פעיל בהג"א (הגנה אזרחית), והיה משהו קומי ברצינות שהתייחס לתפקידו - להיכנס לבתים, לדאוג להאפלה כדי שהמפציצים המצרים לא יוכלו למצוא אותנו בלילה. האמינו שההאפלה תעזור, בדומה לאדיקות שבה אטמנו את החדרים, הדלתות ופתחי החלונות נגד גזים במלחמת המפרץ...

משפט אייכמן, שנערך ב־1961, לווה בהתרגשות גדולה והייתה לו השפעה טראומתית על משפחתי. עקבתי אחרי המשפט כל יום. במקביל קראתי ספרים על השואה, בעיקר של ק.צטניק, והם זעזעו אותי אפילו יותר מהמשפט.

במבט לאחור התחוור לי כי לא היה פשוט לשרוד בתנאים של עולה חדש במדינה שזה עתה קמה. כילד וכנער עניינו אותי במיוחד החברים, בית הספר, בנות וכדורגל. היו לי שפע של הזדמנויות לעסוק בעניינים שריתקו אותי - השיכון שלי היה קרוב לאצטדיון רמת גן, שנערכו בו בעיקר משחקי הכדורגל הבינלאומיים. נהגתי ללכת לשם ברגל ולצפות במשחקים. היה גם בית קולנוע קרוב, בתל ברוך, במרחק חצי שעה הליכה, ופעם בשבוע הלכתי ברגל עם החברים שלי לראות סרט בכרטיס שעלה חמישה גרושים כולל גזוז. בדרך לסרט היינו עורכים קרבות באווירת המערבונים, ורגבי אדמה שימשו לנו תחמושת על רקע תפאורת גבעות הכורכר.

.4

על מחשבים ואווירונאוטיקה

בנובמבר 1959 התגייסתי לצבא. באותה תקופה היה ידוע כי החבר'ה הרציניים מתגייסים באוגוסט ואילו הרציניים פחות מהם בנובמבר - לכן לא הרגשתי מוחמא במיוחד... ליחידה קרבית לא יכולתי להתגייס בשל השחפת, ולכן עברתי טירונות של בעלי כושר לקוי. החברים המעטים שהתגייסו אתי באותו מחזור עברו טירונויות אחרות, ורבים מחבריי הלכו בכלל לעתודות אקדמיות. אני לא רציתי ללכת לעתודה. חשבתי לגמור את השירות הצבאי וללכת ללמוד בראש שקט אחר כך.

הטירונות שעברתי הייתה קצרה מזו הרגילה וארכה כחודשיים. האימונים כללו הליכה יותר מאשר ריצה - אך החוויה הכללית דמתה ביותר לזו של טירונות רגילה, כולל המדריכים הקשוחים. החבר'ה שהיו אתי בטירונות ייצגו אוכלוסייה מגוונת מכל קצווי הארץ, ברמות השכלה שונות, וביניהם גם צעירים שהגיעו מעולם הפשע. הטירונים האלה נהגו באלימות, יצאו וחזרו מהבסיס כרצונם ובאופן כללי הרשו לעצמם לעשות ככל העולה על רוחם. לכולנו היה ברור שלא כדאי להתעסק אתם. רוב חבריהם לטירונות התייחסו אליהם בהערצה כאל "גברים אמיתיים". אחד מהם זכור לי במיוחד - היה לו כושר גופני מדהים, וכאשר המדריכים ניסו להענישו בריצה או בחפירה במשך חצי לילה, ביצע את המשימה בקלילות וצחק להם בפרצוף. קשה היה להבין מה הוא עושה בטירונות של כושר לקוי.

עם גמר הטירונות זומנתי, יחד עם עוד חיילים וחיילות, לבחינה פסיכומטרית. לא ידענו אז למה מיועדת הבחינה. רק אחר כך אמרו לאלה בינינו שעברו את הבחינה שהם הולכים לעבוד עם "המוח האלקטרוני"[12] – המחשב הראשון שנרכש עבור הצבא, והיה אמור להגיע לארץ מארצות הברית כעבור זמן מה.

שלחו אותנו לקורס תכנות וידע כללי במחשבים. הוא נערך במחנה שליד הקריה בתל אביב והיה מעניין מאוד. המדריכה האמריקאית שלנו, בחורה חסונה ונמרצת, נחרתה בזיכרוני. צוות ההדרכה כולו היה אמריקאי, כי בישראל לא ידעו כמעט כלום על מחשבים. החבר'ה בקורס היו נחמדים ואיכותיים, הבנות בוגרות מגמות ריאליות, והבנים היו גם בעלי כושר לקוי, לכן לא יכלו להתגייס לחילות קרביים. רבים מבוגרי הקורס נשארו בתחום המחשבים ולמעשה היו בין הראשונים שעסקו בענף בארץ. המחשב עצמו הגיע לישראל ביולי 1961.

חבריי לקורס, וגם אני, הרגשנו שותפים להתרחשות חלוצית וראשונית. היינו בצוות ההקמה של ממר"מ,[13] יחידה שהוקמה כדי לתת מענה לשני תחומים: למחשוב כלל המערך הלוגיסטי ומערך כוח האדם של צה"ל ולַצורך בבניית יכולת חישובית גבוהה לפיתוחים מדעיים שנעשו כבר אז בתוך היחידות המיוחדות, בעיקר בחיל המודיעין. התגאיתי שהשתתפתי בקורס התכנות הצבאי הראשון של המדינה, וחשתי בר מזל ללמוד תחום שהיה אז ייחודי ויכול להוות בסיס למקצוע בהמשך. הכול היה חדש וחריג.

לאחר שסיימנו את הקורס הבסיסי והגיע לארץ המחשב, חולקנו לשתי קבוצות: מפעילים ומתכנתים. המפעילים התמחו בצדדים הפיזיים של המחשב, אשר הותקן במרתף גדול מאוד, וכלל אלפי מעגלים מגנטיים

---

12 "מוח אלקטרוני", או "Brain" באנגלית, היה אחד מכינויי המחשב בתקופה המדוברת.

13 ממר"מ, יחידה בצה"ל. פירוש ראשי התיבות המקורי היה: מרכז מחשבים ורישום ממוכן. עם הזמן ועם התפתחות התחום שונתה המשמעות במקצת והפכה ל"מרכז מחשבים ומערכות מידע".

מורכבים שאוחסנו בארונות גדולים – טכנולוגיה של הדור הראשון של
המחשוב בעולם. כל המידע הוזן על כרטיסיות איי-בי-אם מנוקבות ואחר
כך נשמר על סרטים מגנטיים בסגנון גלגלי הפילם של מקרני הקולנוע
הישנים. זיכרונות המחשב היו מוגבלים מאוד, והמידע נשמר בעיקר
בזיכרונות חיצוניים – ציוד פריפריאלי. מציאת מידע ספציפי בזיכרון
הייתה כרוכה בתהליך שלם – פתיחת הכונן, חיפוש בארונות אחר הסרט
המגנטי המתאים, הטענה, חיפוש וחוזר חלילה.

המתכנתים, ביניהם אני, חולקו לקבוצות מקצועיות. אני הייתי בחוליית
אג"א – אגף אפסנאות. עסקתי בנושאים כמו ניהול מלאי וניהול אפסנאות.
חוליות נוספות עסקו בכוח אדם או בעבודות מדעיות עבור המדענים
של חיל המודיעין ועבור גורמים נוספים במערכת הביטחון ובנושאים
נוספים. בתקופה ההיא כבר הבינו שנדרש כוח חישוב גדול לשם עיבוד
מידע, והכירו בפוטנציאל שיכול להניב בסופו של דבר פתרונות מדעיים
בתחומים שונים.

צורת התכנות הייתה שונה לחלוטין מזו המוכרת כיום. כל פעולה
הצריכה הגדרה ותשומת לב מרובה לשם ביצועה. למשל, כדי לחבר
שני מספרים זה לזה נדרשו הפעולות הבאות: לשלוף מספר אחד מתוך
תא מסוים בזיכרון (שמוגדר מראש), לשלוף מספר שני, להעביר כל
אחד מהם לתוך רגיסטר מסוים, לחבר את שני הרגיסטרים, להחזירם
לתוך התא וכן הלאה. גם הוצאת דוחות, שהיום אורכת שניות בודדות,
הייתה כרוכה בשעות רבות של עבודה. יכולתו של המחשב הענק
והמסורבל הזה הסתכמה באחוזים קטנים מאוד מהיכולת של טלפון
סלולרי חכם בימינו.

במבט לאחור נראה לי כי הקריירה הצבאית שלי והתחום שהתמחיתי
בו אימנו אותי לחשיבה מסודרת, שמועילה בכל עבודה ועזרה לי בעיקר
בתקופת הלימודים. לכל אורכה עבדתי בצבא. היה לי חוזה מיוחד, ולפיו
נהגתי להגיע פעמיים בשבוע מחיפה ולעבוד בממר"מ. הייתי נחוץ להם,
ומצדי שמחתי להרוויח כסף שעזר לי במימון הלימודים ובתחזוקת מכונית.

הייתי אחד הסטודנטים הבודדים שהייתה לו מכונית. במצב הכבישים ואמצעי התחבורה של אז היה בכך יתרון גדול.

ואז הגיעה גבי

את גבי, לימים אשתי, הכרתי בצבא. גם להיכרות בינינו יש קשר הדוק לתולדות ההתפתחות של המיכון והמחשוב בצבא. לפני שהגיע המחשב, מכונות איי־בי־אם[14] היו פופולריות מאוד. היכולת החישובית שלהן הייתה פשוטה, בעיקר מכנית. המידע קודד בכרטיסיות מנוקבות, והאחראיות לקידוד היו נקבניות. גבי הייתה נקבנית בשירותה הצבאי. היא שירתה ב"ממ"ס" – מרכז מיכון וסטטיסטיקה, ששכן ברמת גן במחנה השלישות הראשית.

לאחר הקמת ממר"מ והגעת המחשב הגדול, המשוכלל והמודרני דאז, הרחיבו את היחידה וצירפו את ממר"מ לממ"ס במחנה השלישות. לרגל הרחבת היחידה נבנה בניין גדול. בקומת הקרקע שכן ממ"ס, על כל נקבניותיו וביניהן גבי. משרדי ממר"מ – היחידה הגדולה יותר מממ"ס, שבה שירתי – שכנו בקומה השנייה ובקומה השלישית, והמחשב עצמו שכן לבטח במרתף הבניין.

ב־1961 יצאנו, כל החיילים והחיילות מממר"מ ומממ"ס, לנופש משותף באשקלון. היה זה נופש של חבר'ה צעירים – מים, אור ירח, הורמונים וכל היתר. מובן שכבר הכרתי את גבי לפני כן וציינתי לעצמי שהיא מוצאת חן בעיניי, אבל באותו נופש פרח הקשר בינינו והתהדק תחת חופת ההשראה הרומנטית, ומשם התגלגלו היחסים בינינו והתפתחו.

כמוני, הייתה גם גבי בת יחידה להוריה. היא נולדה בתל אביב ב־1942. הוריה התגרשו כארבע שנים לאחר מכן, ואמה דרורה, שכונתה דרורי בפי כל, התחתנה פעם נוספת ב־1947. בעלה השני, אביה החורג של גבי, נקרא

---

14 מכונות לניקוב ולרישום של איי־בי־אם, ענקית המחשבים האמריקאית. "האחים מיטווך", שהיו אז בשיא כוחם, ייבאו את המכונות האלה לישראל והצליחו למכור רבות מהן.

יהודה ידידיה. הוא היה ממוצא הונגרי, מהנדס בניין ומעין חלוץ בתחום מבני ציבור, עבד כמהנדס הבינוי של הסוכנות היהודית והקים פרויקטים רבים ברחבי הארץ. ביניהם זכור לי במיוחד בית החולים הגריאטרי ליד עין שמר – "שער מנשה".

הזחה עם הכרזת העצמאות, בה' באייר תש"ח, עברו הוריה של גבי לגור ברמת השרון המערבית. הם היו בין הראשונים שהתגוררו שם, בלב הפרדסים.

אביה הביולוגי של גבי, ברטהולד רוט, התגורר בחולון והתחתן פעם נוספת. גבי, שגדלה עם אמה, הייתה נפגשת עמו מדי פעם. זכורה לי היטב הפעם הראשונה שנסעתי לבקר את גבי בבית הוריה ברמת השרון. התרגשתי מאוד. בסביבה היו אז רק בתים מועטים, ובית הוריה היה הקטן שביניהם (עד היום עומד ביתי על אותו מגרש). כביש שהוביל אל הבית לא היה בנמצא, וכדי להגיע היה צורך לנסוע באוטובוס עד למרכז רמת השרון ומשם ללכת ברגל בדרכי עפר.

הוריה של גבי קיבלו אותי יפה, וגם אני חיבבתי אותם. הם היו "ייקים" טיפוסיים, ששמרו על מעגל חברתי הדוק. קפדנות בענייני סדר הייתה בנפשם ונתפסה כאמת מידה להתנהגות תרבותית וכך גם הדייקנות בכל עניין ובמיוחד בזמן – יש להגיע לכל מקום "פונקט" (בדיוק) בשעה שנקבעה, ואוי לו למאחר למאורע שהוזמן אליו ולו בדקתיים. אמה של גבי, דרורי, בקושי ידעה עברית, ודיברה עם חברותיה רק גרמנית. (קוריוז מעניין בהקשר זה: בגיל שמונים בערך, כשעברה לדיור מוגן, התברר שבעצם היא יודעת עברית מצוין. היא החלה להשתמש בשפה וניהלה שם את כל העניינים).

הוריה של גבי היו בעלי מכונית, דבר חשוב ביותר ולא מובן מאליו באותה תקופה. המכונית שימשה את אביה בעיקר לצורכי עבודה. לגבי היה רישיון נהיגה והיא נהגה במכונית של אביה. זה היה נוח הרבה יותר מאשר לנסוע באוטובוס או ללכת בדרכי עפר, והנגיש לנו הרבה מקומות ואפשרויות.

השקט הנפשי של גבי כבש אותי. היא הייתה אישה יציבה שהתמצאה בַּכּול ותמיד אפשר היה לסמוך עליה. היא ידעה מה רצונה ואיך להגיע לתוצאה הרצויה לה. הייתה בינינו מידה רבה של תיאום ושל הסכמה כמעט בכל תחום. במשך חיינו המשותפים היא אפשרה לי, כוורקוהוליק כבד, חופש לעבוד ולהתקדם בעבודתי ונטלה על עצמה את ארגון הקשרים החברתיים. לאחר שנולדו הילדים טיפלה בהם בצורה מדהימה. אהבנו להיות יחד ומצאנו דרכים לשמור על הזוגיות שלנו: נהגנו לעשות הרבה דברים במשותף, בעיקר לצאת לחופשות כמה פעמים בשנה בארץ וגם בחו״ל. אני חושב שהייתי אִתה כמעט בכל העולם, ותמיד הפרדנו בין נסיעות עבודה לבין נסיעות של חופשה.

גבי ואני שירתנו יחד יותר משנה, וסיימנו באותו זמן בערך את השירות הצבאי. אחרי הצבא החלה גבי ללמוד לשון עברית ומדעי המזרח התיכון בירושלים, ואילו אני פניתי ללימודים בטכניון. בסופי שבוע היינו נפגשים. למשך תקופה של כמה חודשים באמצע הלימודים נפרדנו וניסינו דברים אחרים. היה קצת קשה לשכנע אותה לחזור, אבל הצלחתי לבסוף.

שקט, לומדים

במשך שנים רבות, למעשה מאז ילדותי, ידעתי שהכיוון שלי הוא אווירונאוטיקה. ובימים ההם הטכניון היה המקום היחיד שאפשר היה ללמוד בו את המקצוע הזה, שהיה אז בשלבי התפתחות. היו לא מעט מועמדים ללימודים, והיה די קשה להתקבל. עברתי ראיונות, בחינה פסיכומטרית ונלקחו בחשבון גם ציונים. אני זוכר את שמחתי כשהתקבלתי. גם הוריי שמחו על כך עד מאוד.

במשך השנתיים הראשונות ללימודיי גרתי בדירה בת שלושה חדרים, עם חברים. היינו שלושה בדירה אחת, אולי ארבעה. בשנתיים שלאחר מכן שכרתי חדר אצל אישה מבוגרת. היה הרבה יותר נוח לגור כך, אם כי היה ״מוקש״ גדול אחד – בעלת הבית שלי עבדה בקונדיטוריה ונהגה להביא כל ערב עוגות.

ארבע שנותיי בטכניון היו מפרכות למדי. למדתי במהלכן קורסי בסיס בפיזיקה ובמתמטיקה וקורסים נוספים בתחומי המדעים המדויקים. לאחר מכן עברתי בהדרגה ללימודי אווירודינמיקה, תרמודינמיקה, מבנאות, אלקטרוניקה וחומרים. עסקתי בפרויקטים של תכנון חלקי מטוסים ובפרויקטים אווירונאוטיים שונים - מה שדרש השקעה רבה בשעות תרגול וקריאה. אלה היו לימודים מאתגרים ורב־גוניים שלפי דעתי מקנים ללומד בהם תשתית איתנה להבנה רב תחומית ומערכתית.

תופעה מעניינת היא שרבים מבוגרי הפקולטה לאווירונאוטיקה לדורותיהם נעשו מהנדסי מערכת ממדרגה ראשונה וניהלו פרויקטים רבים בתעשיית התעופה ובתעשיות הביטחוניות לסוגיהן. בהמשך, הצטלבה דרכי המקצועית עם דרכם של רבים מחבריי ללימודים, בייחוד בתעשייה האווירית. מפגש משמעותי במיוחד היה לי עם משה בר לב, בן מחזורי בטכניון. קלטתי אותו בתעשייה האווירית והוא מונה לראש מנהל חלל במפעל מבת, שניהלתי אותו. משה היה האחראי לפיתוח הלוויינות בתעשייה האווירית ועשה זאת בצורה מעוררת כבוד.

הלימודים בטכניון הניבו לא מעט חברויות שחלקן נשמרו במהלך חיי. יש לי חברים מהפקולטה שמתגוררים ועובדים בחו"ל. עם חלק מהחברים האחרים, שנשארו בארץ, נפגשתי במהלך השנים במסגרת התעשייה האווירית, במקומות עבודה אחרים ובנסיבות חברתיות. אחד מבוגרי הפקולטה המובילים שכולנו הערצנו את יכולותיו היה עובדיה הררי ז"ל, ראש פרויקט הלביא, חתן פרס ישראל ובהמשך משנה למנכ"ל התעשייה האווירית. הערכתי אותו מאוד ואהבתי לעבוד אִתו.

ירחים של דבש

ביולי 1966, לאחר שגבי ואני סיימנו את הלימודים האקדמיים, התחתנו. החתונה נערכה בחצר בבית הוריה של גבי, בצל חורשת אורנים קטנה. האורחים היו בני משפחה וחברים, בערך מאתיים איש.

זמן קצר לאחר החתונה, באוגוסט, כבר נסענו לחו"ל לשבעה חודשים

להשתלמות שהחלה בטיול. וכך היה: שנה קודם לכן, בתקופת החופשה שלפני שנת הלימודים האחרונה, נסעה גבי עם חברה לחוץ לארץ בקבוצה מאורגנת. היה זה הביקור הראשון שלה בחוץ לארץ והיא התאהבה בקונספט. אם כך, אמרנו, דבר ראשון אחרי החתונה ניסע לטייל – ואז נקרתה בדרכנו הזדמנות בדמות מלגה להתמחות בצרפת שקיבלתי דרך הטכניון.

בפקולטה לאווירונאוטיקה נבחרו סטודנטים בעלי ציונים טובים להתמחות בתעשייה הביטחונית בצרפת ואני נמניתי עמם. הסטאז' נועד להתחיל באוקטובר. אי לכך החלטנו, גבי ואני, לטייל מאוגוסט ועד אוקטובר, קרוב לשלושה חודשים של טיול. עוד בארץ תכננו את המסע. לא היה אז אינטרנט, כידוע, ונעזרנו ב"מדריך לפיד לאירופה". כל מה שידענו על אירופה מקורו בספר הזה. שכנה של הוריי קישרה ביני לבין אחיה, בעל סוכנות מכוניות רנו ברומא, והקשר הזה הועיל רבות להצלחת הטיול.

טסנו לרומא והגענו לאח הסוכן. בזכות הקשרים עם אחותו עשינו אתו הסדר מיוחד. קנינו ממנו את המכונית – "רנו 4" – והסכמנו שעם החזרתה נקבל חזרה חצי ממחירה. הסידור הזה היה נהדר בשבילנו. רצינו לנסוע במהרה לצפון אירופה, לפני שכבר יהיה קר מדי לטייל שם – אבל העברת הבעלות על הרכב ארכה זמן רב.

לא ידענו מה לעשות. לא רצינו לבזבז ברומא את כל הזמן הזה. לקחנו את המכונית – כי בתוך איטליה אפשר היה לטייל אִתה ללא העברת בעלות – וטיילנו בסיינה, פירנצה, ונציה ומילנו ולבסוף הגענו לקומו שבצפון איטליה. התעכבנו שם כמה ימים ובכל יום הלכנו לדואר המרכזי לבדוק אם כבר הגיע עבורנו מסמך העברת הבעלות ל"פוסט רסטאנט" (דואר שמור). כך עברו עוד ועוד ימים עד שהעברת הבעלות הגיעה לבסוף, כשלושה שבועות לאחר שיצאנו מרומא.

המשכנו לטייל צפונה. באותה תקופה הייתה לי התנגדות עזה לביקור בגרמניה, ולא יכולתי להביא את עצמי לשם. אבל רצינו לנסוע לדנמרק, ולא הייתה לנו ברירה אלא לעבור דרך גרמניה. הגענו דרך לוקסמבורג,

ובגבול הגרמני עמד שוטר לבוש מדים. מראהו הכה בי בעוצמה, כמעט
התעלפתי. לא יכולתי להסתכל עליו. זהו הזיכרון הבולט שלי ממעבר
הגבול ההוא.

משם נהגנו עד דנמרק בלי לעצור. שהינו קצת בקופנהגן, ואחרי כן
נסענו לעיר מאלמה שבשוודיה, שם התארחנו אצל קרובי משפחה. אחר
כך המשכנו לנורווגיה. אהבתי מאוד את נופי הצפון, בייחוד את הפיורדים
התלולים ואת מימיהם הצלולים.

פה ושם נוצרו לנו היכרויות קרובות עם אנשים. כך למשל ערב אחד,
כשנסענו בכבישים המתפתלים ליד הפיורדים, התנגשתי ברכב של נורווגי
אלמוני. ה"רנו 4" שלנו הייתה עשויה מפח דק ויצאנו בנס – רק עם פנס
שבור. למכונית שלו, "וולוו" מכוערת אבל חזקה ויציבה, לא קרה דבר –
רק שריטה קטנה בצד אחד. הנורווגי גר לא רחוק משם, בערך במרחק של
עשרה קילומטר ממקום התאונה. הוא היה איש נחמד והזמין אותנו לישון
אצלו. למחרת גם לקח אותנו למוסך קרוב.

המשכנו לטייל דרך הולנד, בלגיה וצרפת עד שחזרנו לפריז. ההתמחות
שלי עמדה להתחיל, והייתי צריך להתייצב במרכז הטיפול במתמחים
בינלאומיים בפריז – עסק פופולרי מאוד של ממשלת צרפת. בימים
ההם צרפת הובילה בתחום האווירונאוטיקה, והיחסים בינה לבין ישראל
היו טובים מאוד. הדרכת המתמחים והמלגות שהוענקו היו למעשה חלק
מההסכם בין ישראל וצרפת.

פריז עיר מכוננת

בפריז הזמנו מקום במלון ברובע השני, מלון קטן ולא ממש איכותי. החנינו
את המכונית למטה ליד המלון – כי חשבנו לתומנו שנשהה שם לילה אחד
בלבד ולמחרת כבר נחפש מלון משופר – והשארנו בה מטען רב. בבוקר
קמנו ומצאנו שפרצו לנו למכונית. גנבו לנו מזוודה מלאה בבגדי חורף שלא
העלינו אתנו, כי עדיין היה קיץ ולא חשבנו שנצטרך אותם, וגם ג'ריקן ענק
שהיה מלא במים, וכנראה התאים בדיוק ליד השנייה של הגנב... למזלנו

לא גנבו לנו חבילות אחרות שערכן היה רב מערך החפצים שנגנבו. בילינו חצי יום במשטרה. השוטרים צחקו לתקוותינו שימצאו עקבות ואמרו שאין לכך סיכוי ואין מה לעשות בנדון.

החורף התקרב ולא היה לנו כסף עודף לבגדים חדשים. הכול היה במשורה, ועבדנו על פי תקציב מתוכנן. בסופו של עניין הורינו התגייסו ושלחו לנו כסף לבנק מקומי בפריז. הלכנו לבדוק מה אפשר לקנות לחורף – והבנו שקניות בפריז הן מעבר לתקציב שלנו. השארנו את החפצים במלון שקיבלנו במסגרת המלגה ונסענו ברכבת ללונדון, שם שהינו ארבעה ימים ומילאנו מזוודה בבגדים. למרות התקרית הזו, שגרמה לי לא לסבול את פריז במשך השבועיים הראשונים ששהיתי בה – התאהבתי בה בהמשך, למדתי להכיר אותה, ומאז גבי ואני התחלנו כל טיול שלנו באירופה בביקור של שלושה ימים בפריז. אפשר לומר שהיא הפכה לעיר שלנו.

את ההתמחות התחלנו בעיר מונפלייה שבדרום צרפת. למדנו צרפתית בקורס לזרים שהתקיים באוניברסיטה המקומית וגרנו בדירת חדר במרכז העיר. נהגנו לקנות בגטים וגבינה ומעט קופסאות שימורים, וגבי הייתה מבשלת אוכל על הגזייה שהבאנו אתנו. פעם בשבוע, לכל היותר, הרשינו לעצמנו לאכול במסעדה. ברחוב הייתה גם בולנז'רי (Boulangerie, מאפייה), ובה כל המאפים הצרפתיים הטובים, שמראם זכור לי היטב והניחוחות שעלו מהם עוד שמורים באפי. בזמן שלמדתי צרפתית, גבי טיילה והסתובבה בעיר ונהנתה מכך מאוד. שני ישראלים נוספים, שגם הם, כמוני, קיבלו מלגה, התגוררו סמוך אלינו. בניגוד אליי הם היו רווקים, אך עשינו הרבה דברים יחד.

שהינו במונפלייה כמה שבועות. תוך כדי כך ניצלנו את ההזדמנות לטייל עם חברינו הישראלים לאורך החוף במכונית שלנו. טיילנו ממונפלייה עד מונקו לסן טרופה, ניס וכך הלאה לאורך הריוויירה בכל המקומות המהנים. באחד הימים חזרנו למכונית והיא הסריחה נורא. התברר ששכחנו בתוכה גבינת קממבר. המכונית עמדה יום שלם בשמש והגבינה הבשילה והפיצה את ריחה למרחקים.

כשחזרנו לפריז, נגמרה לנו הבטרייה של המכונית ולמעשה עד שהחזרנו את המכונית לא החלפנו אותה – היינו מתניעים את המכונית בדחיפה ונוסעים. למזלנו הטוב המלון בפריז היה ליד רחוב בירידה, כך שהסתדרנו. עניין אחר היה הפנצ'רים הרבים שסבלנו מהם – היות שהקפדנו לקנות רק צמיגים משומשים בפרוטות, היו לנו בסוף ארבעה גלגלים שכל אחד מהם היה בגודל אחר.

כמתמחים מטעם ממשלת צרפת עמדה לנו הזכות לבחור את מקום ההתמחות. בחרתי להשתלם במגוון של מפעלים – במפעל "Nord Aviation" ובמפעל של "Dassault" בפריז, במפעל "Sud Aviation" במרסיי ואחר כך במפעל מנועים בפּוֹ. לאחר מכן למדתי בלִיל ב־"L'Institut de Mecanique des Fluides" מכון מחקר למכניקת הזורמים (אוויר ומים), שם השתלמתי בנושא מנהרות רוח, בעיקר באווירודינמיקה ניסיונית. בסך הכול ההתנסות אִפשרה לי לראות היבטים שונים של התעשייה וקיבלתי הדרכות צמודות מאנשי מקצוע מומחים בתחום.

לקראת סוף תקופת הלימודים, בינואר, היינו בליל (סמוך לגבול הבלגי), והיה קר מאוד. הטמפרטורות צנחו אל מתחת לאפס. אך גבי תמיד חשה כורח פנימי לטייל ללא תלות במזג האוויר. אני זוכר אותנו מטיילים בהמשכים: מוציאים את האף החוצה, פוסעים כמה צעדים, רצים לאיזו חנות להתחמם וחוזר חלילה.

עם סיום הלימודים שמנו פעמינו הביתה. החלטנו להפליג דרך נאפולי, ולשם כך היה עלינו לרדת דרומה דרך הריוויירה ולחצות את הגבול לאיטליה, דרך החוף האדריאתי של איטליה. בילינו כיומיים במונקו והגענו לגבול הצרפתי. הראינו את התעודות לשוטר והוא אמר לנו לעמוד בצד. כשנעמדנו בצד השוטר שאל: "איפה ויזת היציאה שלכם?" "ויזת יציאה?" תמהנו (לא היה לנו מושג שצריך לקבל ויזת יציאה), "איפה אפשר לקבל אחת כזאת?" "מה זאת אומרת? איפה שקיבלתם את ויזת הכניסה, תחזרו לפריז," ענה לנו השוטר באדישות. באמת, מה אכפת לו – יש חוק.

חשבנו לעצמנו – בטח יש פה בסביבה קהילה יהודית. אולי שם יוכלו

לעזור לנו. הלכנו לחפש את הרב המקומי. הגענו לקהילה היהודית, והסברנו לחבריה את המצב. הם אמרו שיתקשרו למשטרה, יסבירו את המצב ויראו – אולי אפשר יהיה לתת לנו את הוויזה במקום, וכך היה. אחרי יום או יומיים העניין הסתדר. למרות חוויית היציאה (וחוויית הגניבה ההיא) התאהבתי בצרפת, בפריז בעיקר, ובמגוון האפשרויות התרבותיות שהיא מציעה לאורחיה.

בגלל העיכוב לא הצלחנו לטייל כמתוכנן ונסענו ישר לרומא. השארנו את המכונית, וקיבלנו את ההחזר כמובטח, אחר כך שכרנו מכונית אחרת כדי להגיע לנאפולי, לאנייה, ועלינו עליה עם כל מיטלטלינו. היו לנו הרבה חפצים שקנינו, תמונות ומערכת אודיו ועוד. ההפלגה באנייה הייתה אז אפשרות מקובלת לטיול. הוריה של גבי, למשל, טיילו כך – העלו את המכונית על אנייה, ירדו אִתה וטיילו בה ברחבי אירופה. גם אנחנו נהנינו מאקורד הסיום של הטיול. היה כיף להפליג כך.

החיים בתקופת הלימודים לתואר השני

חזרנו לארץ בפברואר 1967, והמשכתי מיד ללמוד לתואר שני בטכניון. תקופת הלימודים ארכה כשנה וחצי. גרנו זמן מה בחיפה ברחוב הפרחים ברוממה, בקומה שמינית, והייתה בה תצפית על נוף נהדר. אהבנו מאוד את חיפה ושקלנו לגור שם, אבל לקראת סוף לימודי התואר נתקלנו במבצע של דירה + "פיאט 500" בנהריה, מבצע שאין להחמיץ...

נושא העבודה שלי היה תיאורטי לחלוטין, וההתמחות שלי במחשבים באה לעזרי. עבודתי הייתה למעשה מהראשונות שנעשו בארץ בתחום שנקרא היום פיזיקה חישובית (Computational physics). היה בה מעין ניסיון למדל תופעות של טורבולנציה,[15] אחת מהתופעות החשובות

15 טורבולנציה היא זרימה לא למינרית של אוויר, מים או כל נוזל/גז אחר, כלומר האוויר נע בקו לא ישר ויוצר מערבולות.

באווירודינמיקה. מעבר מזרימה למינרית[16] לזרימה טורבולנטית יוצר מצב שבו תכונות הזרימה משתנות לחלוטין. השפעת תופעות כאלה על מטוסים למשל היא נושא להרבה מאוד מחקרים תיאורטיים ובעיקר ניסיוניים.

הייתי אז בין הבודדים בארץ שידע לעשות מודל ממוחשב. ניסיתי למדל את משוואות שדה הזרימה, מודלים מתמטיים המנסים להראות איך זרימה למינרית הופכת לזרימה טורבולנטית. התאפשר לי לנצל את שלוש השנים שביליתי בממר"מ וליצור עבודה ניסיונית ממוחשבת. היום זהו דבר שבשגרה, אבל אז, בשחר עידן המחשוב, זו הייתה עבודה מורכבת ביותר.

הדרכתי גם סטודנטים בטכניון, ומדי פעם אני פוגש אנשים ששואלים אותי פתאום: "אתה זוכר אותי?" תוך כדי שיחה עמם מתברר שהייתי מדריך שלהם בטכניון בשנים ההן.

מלחמת ששת הימים פרצה לחיי בתקופת הלימודים, זמן לא רב לאחר שחזרנו לישראל. מיד עם פרוץ המלחמה נקראתי לממר"מ לשירות מילואים. הייתה לנו שם הרבה עבודה. כמו כולם, גם עבורי זו הייתה מלחמה של אופוריה – חדשות לבקרים הודיעו על עוד הישג ועוד כיבוש, כמו למשל ירושלים או סיני. התקשינו לעכל את תוצאותיה המדהימות של המלחמה – הגידול האדיר והפתאומי של הארץ ואלבומי הניצחון המרהיבים – הכול היה פנטסטי והשחצנות התרוממה לשיא. אני זוכר את עצמי נוסע לירושלים לראות את הכותל. חשתי התרוממות רוח והתלהבות רבה.

אחרי המלחמה השתתפתי בכמה טיולים משמעותיים מאוד בשטחי המדינה המורחבת. באחד הטיולים השתתפו חברי הסגל והמסטרנטים של הפקולטה שלנו בטכניון, והוא היה מרתק. נסענו באוטובוס לביקור בגדה,

---

16 זרימה שכבתית או זרימה למינרית מתרחשת כאשר אוויר או כל נוזל/גז אחר זורם בשכבות מקבילות ללא הפרעה בין השכבות. בשפה לא מדעית זרימה שכבתית נחשבת ל"חלקה" לעומת הזרימה המערבולתית ההפוכה לה.

בירושלים וביריחו, והתרשמתי במיוחד מאתר עתיקות מוסלמי שביקרנו בו – ח'רבת אל־מפג'ר,[17] ובה ארמון הישאם המרהיב.

טיול מקסים נוסף שהשתתפתי בו והרכב המטיילים בו היה דומה לקודמו, כלל נסיעה לחרמון. עלינו להר ברגל – מרמת הגולן אל מרגלות החרמון ועד לפסגה. אמנם התבלבלנו בדרך ונדמה לי שחצינו את הגבול הסורי, אבל בימים ההם, זמן קצר לאחר המלחמה, זה לא הפריע לאף אחד, ועדיין לא הוצבו שם גדר או שלט. להיות על הפסגה ולהשקיף על הסביבה היה מרגש מאוד. חזרנו ברגל דרך הכפרים הסוריים הנטושים שהדחפורים שלנו הרסו ושיטחו. מראות קשים שלאחר מלחמה קשה.

הטיול השלישי, שיא של הטיולים כולם, היה לסיני. נסענו עם חברים (זה היה לפני שנולדו הילדים) זמן לא רב אחרי המלחמה. ירדנו מאילת דרומה לתוך סיני ועד שארם א־שיח' ללא כביש. את המשאית שלנו היה צורך לדחוף בתוך החול מדי פעם. בלילות ישנו בשטח בתוך שקי שינה. באחד הימים עלינו להר קתרינה, וצפינו מלמעלה בנוף שהוא אחד המדהימים שבנמצא. המשכנו הלאה צפונה לאורך ים סוף, תעלת סואץ, ביקרנו בסרביט אל־חאדם, אתר ארכיאולוגי שנמצא במערב סיני ושימש בימי קדם מכרה לאבן הטורקיז של ממלכת מצרים. משם המשכנו לכיוון אל־עריש ובחזרה לארץ. הטיול הזה נמשך יותר משבוע. כל לילה לנו במקום אחר, בשמורות טבע או סתם במדבר.

הטיול נערך פחות משנה אחרי המלחמה ואני זוכר שלמרות החשש לעלות על מוקש המשכנו ולא פחדנו. היינו צעירים וחשנו קצת כמו מלכי העולם. הטיול הזה היה גדול ומפרך מאוד, אבל חווייתי. שנים זכרתי אותו.

---

17 ח'רבת אל־מפג'ר – אתר ארכיאולוגי הנמצא כחמישה קילומטרים צפונית ליריחו ומכיל כמה מבנים ממלכתיים מהתקופה האומיית. במשך יותר מעשרים שנה היה המקום גן לאומי ישראלי, והיום הוא אתר תיירות בניהולה של הרשות הפלסטינית. המבנים הבולטים ביותר באתר הם מסגד וארמון הידוע כארמון הישאם, שבנייתם לא הושלמה, וכן בית מרחץ מפואר.

לקראת סוף התואר השני, ב־1968, התחלתי לחפש עבודה. התראיינתי אצל משה ארנס, שהיה אז סמנכ"ל הנדסה של התעשייה האווירית (שהייתה ממוקמת במרכז הארץ). האפשרות האחרת הייתה עבודה במכון דוד, ברפא"ל, במפרץ חיפה. בחרתי במכון דוד, כי העבודה שם נשמעה לי מעניינת יותר מאשר בתעשייה האווירית. לא הייתי בטוח מה עדיף, אך בחרתי בזה בין השאר מפני שעלתה אז הזדמנות לקנות בית בנהריה במחיר נמוך.

קנינו את הבית בנהריה והתחלתי לעבוד ברפא"ל. גבי כבר הייתה בהיריון. שרון, בתנו הבכורה, נולדה ב־1968, בערך חצי שנה אחרי המעבר לנהריה. באותה תקופה הייתה גבי ספרנית באוניברסיטת חיפה, ואחרי ששרון נולדה היא הפסיקה לעבוד שם. הבית בנהריה היה קטן: סלון ושני חדרים, מטבח קטן ושטח אדמה של שלושת רבעי דונם. שתלנו בשטח עצים ממינים שונים וטיפחנו גם גינה פורחת יפה וגדולה. והיה כלב – פאקו. חבר שעבד אתי בטכניון בדיוק חיפש בית לכלב שלו, השחור והצעיר יחסית. נדמה לי שהוא היה צריך לנסוע או שאשתו לא רצתה את הכלב. אני לא בדיוק זוכר למה. מכל מקום, ניצלתי את ההזדמנות ואימצתי אותו. הוא היה רועה בלגי גזעי שחור, יפהפה. היו לנו שם חברים, וביניהם בני זוג שהיו חבריה של גבי עוד מירושלים שעברו גם הם לגור בשכונה, ובני זוג נוספים שהכרנו במקום והתחברנו אִתם מאוד.

לי ולגבי היה ברור שנרצה ילדים. ציפינו בדריכות ללידה, שמועדה הלך והתקרב. אך הלידה של שרון, בתנו הבכורה, הייתה אירוע שהשתבש בצורה טיפשית במקצת. זה היה ערב ראש השנה, והחבר שלי, עמוס (עמוס בורשטיין ז"ל), הגיע לבקר אותנו בראש השנה ולהתארח אצלנו. תכננו מראש ללכת יחד למסיבה בחיפה. מעט לפני שיצאנו התחילו לגבִי צירים, ולקחתי אותה לבית החולים רוטשילד בחיפה. התעניינתי מה ההערכה לגבֵי זמן הלידה, ואמרו לי שזה עוד מוקדם והלידה בוודאי תתרחש רק למחרת. (יש להזכיר שאלה היו זמנים אחרים, ולא אפשרו אז לאבות להיכנס לחדר הלידה. הם חיכו בחוץ). אמרתי לעצמי שאם כך, אני הולך

למסיבה. השארתי את גבי שם והלכתי למסיבה עם עמוס. היות שאמרו בבית החולים לא להפריע עד הבוקר, לא הפרעתי.

בבוקר התקשרתי ואמרו לי שבתי כבר נולדה. הרגשתי מוזר ונבוך וממש לא היה לי נעים. מובן שגבי זכרה לי את זה אחר כך. הלידה עצמה עברה בקלות וכך גם השתיים שבאו אחריה. אז לא ידענו מראש את מין העובר, וגבי שמחה שזו בת. זה התאים לה, ומה שהתאים לה – התאים גם לי.

גרנו שנתיים נוספת בנהריה, ובילינו הרבה בנסיעות לתל אביב ולרמת השרון כדי לבקר את הורינו. גבי רצתה מאוד לעבור למרכז. בשנת 1971 עברנו לרמת השרון, ובהתאמה גם לעבודות חדשות: גבי התחילה לעבוד באוניברסיטת תל אביב, ואילו אני התחלתי פרק חדש בחיי המקצועיים בתעשייה האווירית.

.5

הרומן שלי עם הטילים

הרומן המעשי שלי עם תחום הטילים החל ברפא"ל, במחלקת אווירומכניקה במכון דוד, לשם הגעתי היישר מחֵיקה של האקדמיה.

תחום עיסוקי ברפא"ל היה רקטות חופשיות. רקטה חופשית – כמו למשל ה"קסאם" או ה"גראד" – משוגרת מתוך משגר ומשיגה את הדיוק שלה על ידי תכונותיה, ללא ניהוג ותיקוני מסלול, וזאת לעומת טיל מונחה, הכולל סנסורים והגאים שמכוונים אותו במדויק אל מטרתו. היות שאין אפשרות להתערב במעוף הרקטה על ידי בקרה והנחיה, כל פרטי התכן[18] חייבים לאפשר לה טווח ודיוק מיטביים.

ברפא"ל פיתחנו בעיקר את הטכנולוגיה של רקטות קרקע־קרקע בייעוד לשימוש פוטנציאלי בחיל התותחנים אבל גם בשביל חיל הים. התמחיתי בנושא האווירודינמיקה של גופים דקים[19] תוך כדי התמקדות בבליסטיקה חיצונית של רקטות. בתום השנתיים שלי ברפא"ל כבר ניהלתי פרויקט מחקרי לפיתוח רקטה חופשית, ובמסגרתו פיתחנו את הרקטה ואת המשגר שלה. יצרנו אב טיפוס לרקטה, ביצענו ניסויים רבים בשדה הניסויים בנגב, ניתחנו את התוצאות והוכחנו את ביצועי הרקטה.

---

18 תכן או תיכון הוא תהליך הנדסי לפיתוח מוצר.

19 גופים דקים בהקשר זה מתייחסים לרקטות ולטילים שהאווירודינמיקה שלהם שונה במידה רבה מזו של מטוסים.

הניסויים נערכו בשדה הניסוי של רפא"ל בדרום הארץ, ובתקופה ההיא היה השדה בשלבים ראשונים של התהוות – כל תהליך הניסוי היה פרימיטיבי יחסית לשנים האחרונות כשהכול אוטומטי וממוחשב, וזו הייתה חוויה ייחודית: במרכז השדה על הגבעות, במרחק של כמה קילומטרים לכל כיוון, הוצבו אמצעי עקיבה אופטיים, סינתאודוליטים,[20] מעין מרכבים עם מצלמות שהיו למעשה האמצעי העיקרי דאז למעקב אחרי גופים טסים. לשם הניסוי היינו משגרים את הרקטה ועוקבים אחריה. על פי הטריאנגולציה[21] של שלושה סינתיאודוליטים אפשר היה לשחזר את מסלול הרקטה (במקרה שהצלחנו במעקב) ולנתח את ביצועי הרקטה בהתאם לציפיות. הסרט גם סיפק תיעוד ויזואלי של תנועת הרקטה.

בשדה הניסוי לא היו מגורים, לכן גרנו במצפה רמון. השכם בבוקר היינו יוצאים בשיירה של ג'יפים לעומק השטח כדי להתארגן לביצוע הניסוי. זו הייתה "חוויה מטלטלת" במלוא מובן המילה – נסיעה לא קצרה בדרך לא דרך כשהג'יפים מתנדנדים וקופצים ואנחנו אִתם.

זכור לי אירוע משעשע שחוויתי באחד הניסויים כאשר הקשיים התפקודיים בשדה נוצלו לצורך קבלת העלאה במשכורות. נציב שירות המדינה בכבודו ובעצמו הוזמן לבוא ולראות איך אנשי השדה של רפא"ל עובדים בתנאים קשים ובלתי סבירים. אני זוכר אותו מגיע בבוקר מוקדם מירושלים למצפה רמון ונלקח לאחר כבוד בג'יפ. ואז החל המסע בדרכי המדבר המשובשות. לקחו את הנציב לכל עמדות התצפית והאמצעים השונים שהשתתפו בניסוי בלי לפסוח ולו על אחד

---

20 סינתאודוליט הוא מרכב מיוצב שמצויד במצלמות ובדרך כלל גם במפעיל אנושי שמסוגל לעקוב אחר גופים הטסים בשמים ולתעד את תנועתם. עקיבה אחרי מסלול בעזרת שני סינתאודוליטים או יותר מאפשרת שחזור מלא של מסלול הטיסה בדיוק גבוה.

21 טריאנגולציה, או שילוש, היא תהליך חישוב קואורדינטות של נקודה במרחב. החישוב מתבצע באמצעות משולש שידועים עליו הנתונים האלה: אורך אחת מצלעותיו, מיקום שני הקודקודים שבקצות צלע זו והזוויות הנוצרות בין שני הקודקודים האלה ובין הצלעות המחברות אותם לנקודה המבוקשת. משפט הסינוסים משמש לחישוב הזה.

מהם. אם אני זוכר נכון, הנציב השתכנע לגמרי והעלה לאנשי השדה את המשכורות.

מנהל השדה באותה תקופה היה אלישיב שחם ז"ל, איש שהסתובב במדבר כל חייו, "חיית מדבר" אמיתית. הוא האדם היחיד, ככל הידוע לי, שהיה מסוגל למצוא מקום נפילה של רקטה רק בהתבוננות – הוא היה מתבונן במסלול הרקטה בריכוז ובאריכות ואחר כך לוקח את הג'יפ, נוסע ומאתר אותה, כמו גשש בדואי. הוא היה אדם מרשים שנהניתי לעבוד אתו.

בצד הבנה של הקשר בין מכניקת טיס תיאורטית לבין התגלמותה המעשית, רכשתי בתקופת עבודתי ברפא"ל גם הבנה של מה שקרוי היום "הנדסת מערכות". כך התפתחה אצלי היכולת להעריך מה חשוב יותר ומה פחות בפיתוח מערכות נשק, וזו יכולת רבת ערך בהתחשב בעובדה שקיימים פרמטרים רבים שיש לתת עליהם את הדעת בעת הפיתוח ולהבין את השפעתם ההדדית. החמצה של מי מהגורמים עלולה להשפיע על הביצועים של המערכת המשולבת. אמנם רקטה חופשית היא מערכת פשוטה יחסית, אבל גם בפיתוח מוצר כזה קיימים פרמטרים רבים הדורשים אופטימיזציה. כמהנדס מתחיל נהניתי מאוד מהמיומנות שרכשתי בנושא רקטות חופשיות. עוד זמן לא קצר אחרי שעזבתי את רפא"ל היו אנשי חיל חימוש "רודפים" אחריי כדי שאעזור להם בחישוב מסלולי רקטות וכדומה.

העבודה ברפא"ל הייתה מרתקת ומאתגרת בסביבה של הרבה אנשים חכמים, עילית ההייטק של אז. למדתי מהם רבות. שלושה מהם אני רוצה להזכיר במיוחד: מרסל קליין ז"ל – המנחה שלי בעבודה, חבר ובעל מקצוע ממדרגה ראשונה שלצערי נפטר לאחרונה. עבדתי אתו גם בהמשך בתפקידים שונים; מנהל המחלקה – ד"ר בנצי נווה, מנכ"ל רפא"ל לעתיד וידיד עד היום, ויאיר גיא – חבר מתקופת הלימודים בטכניון שהמשיך אתי גם לעבודה ברפא"ל. גבי ואני התיידדנו מאוד אתו ועם אשתו.

עבדתי ברפא"ל כשנתיים, בין 1968 ל־1970. גבי ואני החלטנו לעבור לרמת השרון וקנינו דירה בנווה רום. בננו השני, יהל, נולד כמה חודשים אחרי שעברנו לגור שם. בעקבות המעבר למרכז עזבתי את רפא"ל וחיפשתי

עבודה חדשה. עבודתי הראשונה, שהחזקתי בה כחצי שנה, הייתה במרכז לחיזוי טכנולוגי באוניברסיטת תל אביב. בתחילה התרשמתי שעבודה כזו, הכרוכה בחשיבה חדשנית, בקריאה מרובה ובהכנת תחזיות לעתיד, תהיה רבת עניין ואתגר עבורי, ועשויה להוות סביבה טובה להתפתחות מקצועית. אך עד מהרה הכריע אותי הפער בין הרגלי העבודה שהבאתי עמי מלימודיי ומסביבת עבודתי הקודמת, שהיו מבוססים על ידע מוכח ועל דיוק בפרטים, לבין הכלליות והערפול, שבהם התנהלו העניינים במרכז לחיזוי טכנולוגי, והחלטתי להמשיך הלאה.

נקודת מבט

במהלך חיפושיי הגעתי אל התעשייה האווירית, ובסופו של התהליך התמקמתי במפעל מבט של התעשייה. מפעל מבט (מפעל ב׳ או באחת הווריאציות על שמו: מפעל בקרה תעופתית) הוקם למעשה כדי לפתח ולייצר עבור חיל הים את מערכת הנשק של ספינות שרבורג[22] כולל טילי ים־ים "גבריאל". הספינות הוברחו ללא נשק וציוד, ומפעל מבט היה אחראי למעשה לבנייה ולאינטגרציה של ציוד הלחימה בתוך הספינות.

היכרותי הראשונה עם מבט בנסיבות של עבודה משותפת התרחשה עוד בתקופת עבודתי ברפא"ל והייתה קשורה גם היא לספינות שרבורג. הספינות צוידו בתותחים מתוצרת של מדינה באירופה, וחיל הים שלנו גילה בהם בעיות טיווח. כדי לברר את הבעיה מול הצי של אותה מדינה היה צורך במומחה לבליסטיקה חיצונית, ואני נקראתי לעזרה כמומחה במעוף חופשי (פגז שיוצא מקנה של תותח מתנהג למעשה כמו רקטה אחרי סיום פעולת המנוע שלה).

נסעתי בחברת שני אנשי מבט. אחד מהם שמואל אלקון, היה ראש

22 ספינות שרבורג היו חמש ספינות טילים מדגם סער 3 שמולטו לישראל מנמל שרבורג שבצרפת ב־25 בדצמבר 1969 דרך הים, וזאת בניגוד להחלטות ממשלת צרפת, שהטילה אמברגו על ייצוא נשק לישראל ב־1967, אחרי מלחמת ששת הימים.

הפרויקט הספציפי בתעשייה האווירית והוא חבר שלי עד היום. בנסיעה הזאת גיליתי שכל הסיפורים על הצי במדינה זו נכונים - הדהימו אותי השלווה והתגובה האטית שנקטו אנשי הצי. מלבד זאת גיליתי את האוכל הנפלא במסעדות שם. אחר כך נהגתי לספר שהחלטתי לעבוד במבת כשראיתי שהעבודה שם מאפשרת לנסוע לאירופה ולאכול במסעדות מעולות.

אגב, הסיפור בנושא זה לא נגמר בנסיעה אחת. היה צורך לחזור ולבדוק את טבלאות הירי, ובסופו של דבר התברר שהפיזורים הטבעיים של הקנה גרועים יותר ממה שחשבו בתחילה. לכן היה צריך לירות הרבה מאוד פגזים כדי שאחד מהם יפגע במטרה.

גבריאל

מפעל מבת הלך והתפתח בינתיים והיה למפעל גדול למדי. נוהלו בו פרויקטים שונים, פותחו בו מוצרים חדשים ונערכו בו ניסויים רבים ומגוונים. המפעל היה אחד הראשונים בארץ שבנה מערכות הנחיה ובקרה מורכבות ביותר ומערכות נשק גדולות, אך "גבריאל" - טיל הים־ים הראשון בעולם והמצאה ישראלית מקורית - היה ונשאר גולת הכותרת של מבת וטיל הים־ים העיקרי של חיל הים במשך הרבה מאוד שנים.

כשבאתי לעבוד במבת, ב־1971, "גבריאל 1" כבר היה טיל מבצעי, ואני הצטרפתי לצוות הפיתוח של "גבריאל 2" כמהנדס זוטר. עסקתי בעיקר באווירודינמיקה ובסימולציות מסלול לשם בדיקת הביצועים של הטיל. בראש הצוות עמד אסא ניצן, ומלבדו היינו עוד שלושה מהנדסים ומזכירה. פיתוח הטיל היה אתגר גדול ועיסוקנו העיקרי, אם כי במקביל פיתחנו גם מוצרים אחרים.

הניסוי הראשון של "גבריאל 2" שנכחתי בו לא יימחה מזיכרוני. הוא נערך בשדה ניסוי של חיל האוויר. עמדנו לשגר את הטיל לים כדי לבדוק את כשירות המנוע, את הבקרה הבסיסית וכן הלאה. ברגע שלחצו על כפתור השיגור של הטיל, נשמע פיצוץ אדיר, פרצי אש ועשן עלו

לאוויר וחלקי מתכת התעופפו לכל עבר ונפלו במרחק לא גדול מאנשים שהסתובבו באזור כדי לצפות בניסוי (אסור כמובן להסתובב בזמן ניסוי, אך תמיד נמצא מי שיפר את האיסור, בייחוד בתקופה ההיא). זו הייתה הפעם הראשונה שלי באירוע כזה והיא היתה טראומתית למדי.

לאחר בדיקה התברר שתקלה במנוע היא שגרמה לפיצוץ. אני כמהנדס צעיר התרגשתי מאוד, אבל הוותיקים יותר התרשמו פחות. התברר שבתקופת הפיתוח של "גבריאל 1" התרחש סיפור דומה: לאחד הניסויים הוזמן משה דיין בלוויית אנשי מטה בכירים. הטיל שוגר, עלה מעלה ואחר כך הסתובב על עקבותיו וטס היישר אל אנשי הפמליה. במזל הוא לא פגע בהם. יש גם סיפורים כאלה.

התקלה ב"גבריאל 2" תוקנה, ובהמשך בוצעו עוד הרבה ניסויים מוצלחים שנערכו בים מול חופי עתלית ובשיתוף עם חיל הים. לשם הניסויים הותקנה מערכת ה"גבריאל" על ספינת "סער 3" (ובהמשך על "סער 4" ו"סער 5"), ובדרך כלל תפעלו אותה קציני חיל הים. המטרה שהטיל היה צריך לפגוע בה הייתה אנייה, לא מאוישת כמובן, שהוצבה לשם כך בלב ים. אנשי מבת ישבו מול העמדות לקליטת טלמטריה (נתונים מתוך הטיל) בבסיס מפקדת חיל הים בסטלה מאריס, חיפה או בבסיס חיל הים בעתלית. ביליתי הרבה זמן בבסיסים שבסטלה מאריס ובעתלית וגם על האנייה המשגרת כדי לעקוב מקרוב אחרי הניסוי ותוצאותיו. זו הייתה תקופה ראשונית ומיוחדת. לאחר סדרה די גדולה של ניסויים, הוכרזה מערכת גבריאל 2 כמבצעית.

בתעשייה האווירית עסקתי רק בטילים מוּנְחִים ולא בתחום שהתמחיתי בו קודם לכן – רקטות חופשיות. נדרשתי ללמוד הרבה נושאים חדשים – כמו למשל מה זה ראש ביות מכ"מי ומה זה מכ"מ בכלל, מהם מערכי שליטה ובקרה של מערכת נשק ימית ואיך מתנהג טיל מונחה לעומת רקטה חופשית. נוסף על כך, היה עליי ללמוד איך לתכנת טיל כדי שיטוס ליעד שרוצים שהוא יטוס, יתביית על מטרה מסוימת וממש יפגע בה במדויק, לא בדיוק כמו רקטה שפוגעת בטווח של עשרות או מאות מטרים מהמטרה.

באותה תקופה, כאמור, כבר היו לחיל האוויר טילי אוויר־אוויר מונחים ראשונים מתוצרת רפא"ל - ה"שפרירים" של פעם, ולמעשה "גבריאל" היה הטיל המונחה השני. בתעשייה פותחו גם טילים אחרים וגם משגר לוויינים - ה"שביט", שלמעשה פועל כפי שפועל טיל מונחה. במשך שנותיי בתעשייה האווירית עסקתי בפיתוח של טילים מסוגים שונים מלבד ה"גבריאל", ואני רוצה לספר כאן על שניים־שלושה פרויקטים מרכזיים שהייתי שותף להם ולהעניק לקורא מושג במה כרוך ביצוע פרויקטים מעין אלה.

כיפורים – פרויקטים תחת אש

בזמן מלחמת יום הכיפורים היה למפעל מבת חלק מהותי בהצלחותיו של חיל הים. להבדיל מהצרות שהיו ביבשה ובאוויר, נחל חיל הים הצלחה אדירה. אניות חיל הים הצליחו לטבע שלוש־עשרה ספינות אויב ויצאו ללא פגע, וכל זאת בזכות המערכות שרובן פותחו במבת ושחלקן הבשילו תוך כדי המלחמה. בימים הראשונים של המלחמה התגלו במערכות כל מיני כשלים, ועל מהנדסי מבת הוטל לבדוק כל בעיה ולפתור אותה מידית. העבודה הייתה אינטנסיבית מאוד.

בעקבות המלחמה הפיתוחים בכל התעשיות הביטחוניות הלכו וגברו. בין השאר פנו אלינו בתחילת המלחמה מחיל הים כדי שנרכיב קטיושות[23] על הדבּוֹרים הקטנים שלו לשם ירי על מטרות מהים. נתמניתי למנהל הפרויקט הזה, שנקרא "הסקה מרכזית", והידע שלי ברקטות חופשיות (ה"קטיושות" הן רקטות חופשיות) היה לי לעזר רב.

בשבוע הראשון של המלחמה תכננו ועיצבנו אב טיפוס, בשבוע השני ערכנו ניסויים בים, ובשבוע השלישי חיל הים כבר השתמש בקטיושות

---

23 קטיושה, מרוסית (Катюша), היא כינוי למשגר רקטות מתנייע מדגמים שונים. כיום משמש המונח "קטיושה" בעיקר לתיאור כללי של רקטות ארטילריות קטנות המשמשות ארגוני טרור.

וירה על מטרות בלבנון ובסוריה. היה זה הפרויקט הכי מהיר שניהלתי אי פעם. הוא חייב עבודה יומם ולילה, והיה אורך כחצי שנה בתנאים רגילים.

במקביל בוצע פרויקט נוסף שהתחיל בזמן המלחמה ונמשך אחריה, ובו שימשתי מהנדס מערכת. בראש הפרויקט עמד אורי גבע. במהלך המלחמה חיל האוויר סבל מפגיעות רבות מסוללות הנ"מ של המצרים והסורים. מערכות הנ"מ מתבססות על מכ"מים שעוקבים אחר מטוסינו, ומנחים את הטילים אל המטוסים. אחת האפשרויות לפגוע בסוללות הנ"מ הללו הייתה לפתח טיל קרקע־קרקע שיתביית על הקרינה של המכ"מים של הסוללות. הצענו לחיל האוויר פתרון מידי: אמנם במלאי חיל האוויר היו קיימים אז טילי אוויר־קרקע המשוגרים מהאוויר, ממטוס נגד מכ"מים, לשם דיכוי של הגנה אווירית, אך הצענו לשגר טיל כזה מהקרקע. כדי לעשות זאת יש להכניס את הטיל למשגר קרקעי, לנסוע אתו ליעד השיגור, לשגר ממנו ולפגוע בסוללות הנ"מ של האויב. כך אפשר להכניע אותן בלי להעלות מטוסים לאוויר.

ביצענו את כל ההכנות והבדיקות הדרושות לשם כך. פיתחנו משגר קרקעי לשיגור הטילים וביצענו ניסוי שדה. תוך זמן קצר מאוד – הכול עבד. ייצרנו כמה משגרים וסיפקנו אותם לחיל האוויר. עשינו הכול כדי לספק פתרונות לעתיד הקרוב. למרבה המזל לא התחוללה מלחמה נוספת בטווח קרוב, וכך גם לא זכה הפרויקט לפרסום. אם איני טועה, בסופו של דבר לא השתמשו במערכת זו כלל.

חצוף ונמרוד – טילים טקטיים

ב־1974 התמניתי לראש תחום טילים טקטיים – תחום מעניין שמבחינתי היה כרוך בפיתוח טכנולוגיה חדשה בישראל ובבניית קו מוצרים חדש לגמרי למבת.

בלב העניין עמד פיתוח נשק לביות כתם לייזר. מדובר בטכניקה שפיתחו האמריקאים בשנות השישים והשבעים, והשתמשו בה הרבה בווייטנאם: מציין לייזר משגר פולסים של לייזר בתדירות גבוהה אל המטרה שרוצים

לפגוע בה. על המטרה נוצר מעין כתם מרצד ואחר כך נשלח טיל מונחה לפגוע בה (מציין הלייזר יכול להיות במטוס שרואה את המטרה ומציין אותה מהאוויר או בידיו של חייל מכוחות היבשה שנמצא קרוב למטרה, לא יכול לפגוע בה אבל יכול לסמן אותה). הובלתי את פיתוח הטכנולוגיה הזאת בארץ. עד אז היא הייתה רק בידי האמריקאים.

האלמנטים המרכזיים בנשק מונחה לייזר הם מציין הלייזר וראש הביות המותאם. את ראשי הביות פיתחנו במבת ואת מצייני הלייזר בתעשייה האלקטרואופטית (אל־אופ). כל שאר המערכות בו הן כמו בטיל רגיל – הבקרה, ההנחיה, האווירודינמיקה וכן הלאה.

שני נשקי הלייזר הראשונים שפיתחנו היו "חצוף" – פצצה גולשת שמחפשת את כתם הלייזר, מוצאת אותו ומתבייתת עליו באמצעות ראש הביות שלה; ו"נמרוד" – טיל בעל טווח גדול למדי, בסביבות עשרים קילומטר, שמשוגר מתוך משגר, טס ישר ואופקי, מחפש כתם לייזר ומתביית עליו. אחד מהמוצרים פותח עבור חיל האוויר, והשני היה מיועד לתותחנים ואחר כך הפך לנשק של אחת מהיחידות המיוחדות. השתמשו בו בכמה אירועים במלחמות לבנון ובאחרים.

הדוכס

בימי השאה הפרסי היו הקשרים בין אירן ובין ישראל בשיאם. האירנים חפצו בציוד צבאי מתוצרת ישראל, שנחשב לבעל התוצאות והביצועים הטובים ביותר. אחד מהפרויקטים הגדולים שדיברו עליו בהקשר האירני היה "דוכס" – טיל ים־ים עתידי ובעל ביצועים העולים בהרבה על אלה של "גבריאל". להפתעתי מינו אותי לראש הפרויקט. השנה הייתה 1976, והייתי אז כבן 35, אחד הצעירים במערכת. ניגשתי לניהול הפרויקט ללא חשש וברצון רב. חשתי כי כישוריי ונקודת מבטי התקבלו בהערכה.

התחלנו בפרויקט ענק של פיתוח טיל על קולי בעל יכולת מסלולית חכמה ובעל ראש ביות מכ"מי מתקדם מאוד – מכ"ם במפתח סינתטי (SAR) שמאפשר הדמיית המטרה ובחירה של נקודת הפגיעה. פיתוח הטיל

היה כרוך גם בפיתוח מנועים מסוג חדש לגמרי – מנועי רמג'ט (Ramjet),
מגח סילון.[24] בתעשייה האווירית הוקמו מתקנים מיוחדים לשם כך, ועד
היום עומדים שרידי המתקנים האלה כפיל לבן בתעשייה האווירית. לא
נעשה בארץ ניסיון נוסף לפתח מנועים מסוג כזה, שהם די ייחודיים. אמנם
יכולת הביצוע שלהם טובה, אבל הפיתוח שלהם מורכב ויקר.

פרויקט "דוכס" הופסק עם "סיום הקריירה" של השאה הפרסי בזמן
המהפכה האסלאמית ב־1979, כמו כל הפרויקטים המשותפים האחרים של
ישראל ואירן. לא היה לנו תקציב להמשיך בפרויקט באופן עצמאי, משום
שהוא היה פרויקט גדול ויקר.

הפרק של פיתוח ה"דוכס", אף שלא הגיע למיצוי, היה מרתק מבחינתי.
השתלמתי באמצעותו בפיתוח טילים ובניהול פרויקטים ואנשים – בניתי
צוות והפעלתי קבוצות עבודה בכל הטכנולוגיות, בין מאתיים לשלוש־
מאות מהנדסים עבדו בפרויקט הזה במבת וגם בתעשיות האחרות שהיו
קשורות בו; סיגלתי לעצמי ראייה מערכתית כוללת לגבי מיזמים מורכבים
מעין זה – ראייה הכוללת קביעת סדרי עדיפויות ובניית תוכנית עבודה
שתוכל להתכנס לפיתוח של תת מערכות ולפיתוח של מערכת שלמה –
בקיצור, פרויקט.

ראש מְנהל טילים במבת

ב־1978 נולד בננו הצעיר, ניצן. באותם ימים היינו עסוקים במעבר מהדירה
בשכונת נווה רום לבית החדש שבנינו ברמת השרון. נוסף על כך, ב־1979
התחולל שינוי ארגוני במבת. במקום אגפים (אגף פיתוח, אגף ייצור וכן
הלאה) הוקמו שלושה מְנהלים שכל אחד מהם היה אחראי לסוג מוצרים

---

24 מנוע מגח סילון הוא מנוע כלאיים בין מנוע סילון למנוע רקטי. דחיסת תערובת הדלק
והאוויר מתבצעת במנוע זה על ידי תנועתו באוויר ולא על ידי טורבינה. כאשר מהירות
האוויר גבוהה ממהירות הקול, נוצרת תופעת המגח – דחיסה עצמית של האוויר, כלומר
דחיסה ללא כוח חיצוני.

מוגדר. אני התמניתי לראש מְנהל טילים. השינוי הזה לא היה סמנטי בלבד אלא מהותי ובעקבותיו השתנתה הפילוסופיה של האחריות. המְנהל אחראי לכל מה שמתרחש בתחום אחריותו. מבחינה ארגונית הצעד הזה היה נכון וטוב, ואתו כמובן גדלו תחומי האחריות – טילי ים וטילי יבשה וגם חימוש אווירי. אמנם היו בתי מלאכה שהשתייכו לכלל המפעל, אך הפיתוח, קווי הייצור וההרכבה, המכירה ללקוח והשירות ללקוח היו באחריותו של המְנהל, הן כלפי השוק הישראלי והן כלפי השוק הבינלאומי. זהו אתגר משמעותי ביותר.

ניהול רב מערכתי – פרויקט הרפי

אני רוצה להציג את פרויקט ה"הרפי" (הנקרא על שם דמות בעלת תדמית קשוחה מהמיתולוגיה היוונית) כדוגמה למורכבות ולרב מערכתיות של ניהול מערכת נשק חדשה, פיתוחה וייצורה.

כפי שכבר הזכרתי קודם לכן, אחת מהטכנולוגיות שהתמחינו בה במבת הייתה ביות של טילים על מקורות קרינה. פיתוח ה"הרפי" התחיל ברעיון לטיל משוטט המחפש מקור קרינה ומתביית עליו ברגע שהוא מאתר מקור כזה. (יש עוד טכנולוגיות ביות אפשריות לטילים משוטטים שלא הגיעו לרמה כזו של הצלחה). הרעיון לטיל היה של יוסף נאור ז"ל, איש חכם ששירת כאלוף משנה בחיל האוויר לפני שהגיע לתעשייה האווירית והבין היטב את הצרכים של שדה הקרב האווירי. הוא עבד במטה החברה, ובמבת יצרנו קשר אתו והמשכנו לפתח את הרעיון שלו. עניין אותנו לנסות ולייצר מל"ט קטן שכבר פותח ולבסס עליו את הפתרון על מנת שהמחיר יהיה אטרקטיבי למשרד הביטחון.

התברר שבחברה מסוימת באירופה פיתחו כלי טיס המבוסס על רעיון דומה לזה שלנו, אך חסרו להם הידע והיכולת של הביות על קרינה. לנו, לעומת זאת, הייתה יכולת כזו אך לא היה כלי טיס (כלי טיס מתאים היה צריך להיות זול מאוד כדי שיהיה כדאי להשתמש בו). ליוסף נאור היו קשרים עם החברה הנזכרת לעיל והוא ניצל אותם כדי לשלב בין היכולת

והידע שלנו ובין כלי הטיס שלהם. בעקבות זאת, שקדנו, הצוות של מבת ואני, על הפיכת הרעיון למוצר בר קיימא. חיל האוויר התלהב ממנו, ונוצר תהליך שלם של עבודה מול החברה הזרה. בראשיתו ניצב האתגר להגיע לחוזה ולהסכם על עבודה משותפת עבור צה"ל ועבור חיל האוויר שלהם. הייתה זו בשבילי הפעם הראשונה שהתנסיתי בחוזים בינלאומיים גדולים. בראש פרויקט "הרפי" עמד בני שפריר (הוא היה ראש אחד המְנהלים במבת כשהייתי מנהל המפעל, והוא חברי הטוב עד היום).

פרויקט "הרפי" הוא דוגמה מאלפת הממחישה כיצד יוצרים פרויקט מוצלח מבראשית: אנחנו פיתחנו, ערכנו ניסויים וייצרנו את המטוסים האלה, בעלי יכולת החיפוש והביות המיוחדת שלהם - הכול בישראל. בשלב מסוים התנתקו עובדי החברה הזרה מהפרויקט בגלל בעיות תקציב שלהם, ואנו העברנו את הידע של הייצור לארץ. בעקבות זאת המוצר על כל שלבי ייצורו יוצר בתעשייה האווירית ונמכר לכמה מדינות בעולם. עד היום יש בתעשייה האווירית קו ייצור ל"הרפי" עבור לקוחות זרים. הפרויקט הזה פורסם בעיתונות (אם כי לא דובר עליו בהרחבה), ולכן אני יכול לדבר עליו כאן.

ניהול של פרויקט פיתוח כרוך בפעולות רבות המשלבות בין המערכת הכלכלית ובין המערכת הטכנולוגית כדי להפוך רעיון למציאות: הפיכת כלי טיס שאיננו בעל יכולת טכנולוגית של ביות למערכת נשק עם יכולת ביות; הגדרת מערכת נשק שלמה; הפעלת פיתוח של מערכת נשק שהיא מוצר חדש לגמרי; שיווק המערכת למשרד הביטחון; השגת תמיכה ותקציבים; שיווק בתוך מבת (שיסכימו להשקיע בו כי הוא יניב פירות), וזאת נוסף על עולם שלם של יחסים בינאישיים בארץ ומחוצה לה.

ייצוא ביטחוני וחוויות אחרות

עסקתי בפיתוח מערכת הרפי במקביל לעיסוק בפרויקטים רבים אחרים - פיתוחים עבור חיל האוויר וחיל הים בהקשר של טכנולוגיית הלייזר ובהקשרים אחרים, פיתוח פצצות חכמות ועוד הרבה פיתוחים שעל חלקם

הגדול איני יכול לספר – ועדיין לטיל "גבריאל 2" נותר מקום מרכזי במיוחד.

מערכות נשק "גבריאל" היו במשך שנים רבות פריט הייצוא הביטחוני הגדול ביותר של מדינת ישראל ברחבי העולם. אחד ההיבטים החשובים ביותר בתעשייה האווירית בכלל וגם במבת הוא הייצוא. מדינות רבות בעולם קנו את "גבריאל" (בשלב מאוחר יותר כבר בנו טילים כאלה בכל העולם המערבי וגם ברוסיה ועוד). בנושא הייצוא התרחשו אירועים מעניינים שכללו היכרות עם תרבויות שונות ועם הקודים הייחודיים להן.

כדי להצליח בשיווק במדינות שונות, צריך להבין את צורת החשיבה של תושביהן ואת כוונתם המדויקת של אנשים אלה כשהם אומרים דבר זה או אחר. כמו כן תהליך השיווק מחוץ לישראל כולל כמה משתנים מלבד התאמת המוצר עבור הצרכים הייחודיים של כל לקוח ועבודת השכנוע. נדרש סוכן מקומי טוב ובעל קשרים שיסייע לשיווק. לרוב נדרשת גם עזרה של גורמים מצה"ל שמפעילים בהצלחה את הציוד המוצע למכירה ללקוח הזר – הם נדרשים להדגיש את היכולות המבצעיות ואת היתרונות של הציוד הזה.

חוויה ייחודית בנוגע לענייני הייצוא הייתה לי במדינה בדרום־מזרח אסיה שכמה מהספינות שלה צוידו בטילי "גבריאל 2". כראש מנהל טילים היה עליי לנסוע לשם ולנהל ניסוי ירי של מערכת הנשק. זו הייתה הפעם הראשונה שביקרתי במזרח הרחוק, והביקור זכור לי כחוויה של ממש. התגוררנו בעיר נמל עמוסה, תעשייתית ומסחרית ששוכנת בדרום המדינה, ויש בה נמל גדול. מעניין במיוחד היה הביקור בשוק הלילה הססגוני, מהסממנים הדרום־מזרח אסייתיים הרבים הפזורים בעיר, על שלל החיות שהוצעו בו למכירה ובעיקר הנחשים, שאת דמם שותים אנשי המקום כדי להגביר את האון הגברי.

הניסוי של מערכת הנשק היה מוצלח והתנהל כשורה, וזכיתי לעוד חוויות ייחודיות. אחת הגדולות שבהן הייתה ארוחת צהריים שסעדנו על שולחנו של האדמירל המקומי. בכל הציים בעלי המסורת בעולם נהוג שהאדמירל מזמין אורחים חשובים לסעוד על שולחנו. ההזמנה כרוכה

בגינונים מיוחדים ובהפגנת כבוד ותשומת לב מיוחדת כלפי האדמירל. הצוות והאורחים צריכים להתייחס אליו בכבוד מלכים, לצחוק מכל בדיחותיו ולשתף אתו פעולה בַּכול. כך היה גם במקרה זה. בארוחה הוגשו דגים, ומארחיי ירקו את עצמות הדגים על השולחן בטבעיות רבה כמנהג המקום. אמנם לא הייתי מחויב לירוק, אבל הייתי צריך להמשיך לאכול כאילו לא קרה דבר, ואין זה דבר קל לעשותו כאשר הספינה מתנדנדת ומאתגרת את קיבתי להחזיק מעמד מחמת מחלת הים.

אתגר לא קטן היה לטייל במדינה זו ולהסתדר בלי לדבר את שפת המקום. לא דיברו שם אנגלית כלל. טיילנו לכיוון עיר הבירה, ובדרך עברנו גם בכפרים של שבטים מקומיים אותנטיים. היה מרתק לראות במקומות הנידחים וביערות את האוכלוסייה המקורית בתלבושתה המסורתית, וגם לבקר במקדשים מיוחדים שמרהיבים ביופיים.

עובדת היותנו ארבעה אנשים לבנים במכונית עוררה אטרקציה נדירה עבור המקומיים. מקרה ייחודי קרה לנו בדרכנו כשעצרנו באחד הכפרים על שפת הנחל. התרווחנו במכונית והתבוננו במפה, והנה נעה לעברנו קבוצה של מקומיים. הם נעמדו במרחק לא רב מהמכונית, נעצו בנו עיניים, ותוך כדי כך החליפו ביניהם מה שנשמע כדעות והערות בשפתם. ישבתי בחולצה פתוחה כדי להתאוורר מהחום ושערות החזה שלי נחשפו. יש לי די הרבה שערות על החזה, ולמקומיים אין שיער על החזה. מבחינתם המראה הזה היה יוצא דופן, מעניין ומיוחד. פתאום הם התחילו לדחוף את הידיים פנימה לתוך המכונית ולמשוך בשערות החזה שלי והתחילו לצחוק.

צחקתי יחד אתם, מה עוד יכולתי לעשות?

לחלק מהפיתוחים שלנו היה פוטנציאל מכירה לארצות הברית, אם כי קשה מאוד למכור מערכות נשק לארצות הברית ועשינו לשם כך לא מעט ניסיונות. הסיבה העיקרית לכך היא שהתקן האמריקאי דורש בדרך כלל פיתוח, ניסויים והוכחות כבדים בהרבה מהנהוג אצלנו, והתאמה לסטנדרט האמריקאי מחייבת הרבה מאוד עבודה והשקעה כספית. כתוצאה מכך,

האמריקאים מעדיפים בדרך כלל להשקיע במימון של התעשיות שלהם ולפתח אצלם מוצרים דומים לשלנו.

דוגמה להבדלים הבולטים בינינו לבין האמריקאים ניכרת בתהליכי הפיתוח של מוצרים דומים – במקרה זה טילי ים־ים לשיוט בגובה נמוך – ה"גבריאל" שלנו מול ה"הרפון" האמריקאי. ה"גבריאל" התבסס על טיל שפותח ברפא"ל לשימוש צבא היבשה. צוות של מבת התבסס על הפיתוח הזה, ובעזרת כמה רעיונות טכנולוגיים חכמים מאוד שלא היו בו במקור הפך את הטיל הזה לטיל ים־ים. הפיתוח היה מוצלח מאוד ושינה למעשה את פני הלוחמה הימית – מהפגזה בתותחים לירי טילים הטסים בגובה נמוך מעל פני הים. ההצלחה הגדולה שקצר חיל הים במלחמת יום כיפור הייתה מבוססת על מערכת "גבריאל", שבזכותה טובעו לא מעט ספינות סוריות ומצריות ללא נפגעים בצד שלנו. כל הפיתוח הזה עלה כמה עשרות מיליוני דולרים, לא הרבה באופן יחסי. נערכו הרבה ניסויים, ואף שחלקם נכשלו – המשיכו הלאה, הצליחו בסופו של דבר, והטיל היה בידי חיל הים בזמן.

לעומת זאת, פיתוח הטיל האמריקאי המקביל – ה"הרפון" (שלמרבה האבסורד חיל הים קנה אותו בשנים מאוחרות יותר, כשהיה צריך להשתמש בכספי סיוע אמריקאיים, ובשל כך לא יכול היה להמשיך ולקנות במבת) עלה מאות מיליוני דולרים וזמן הפיתוח שלו היה ארוך פי כמה מזמן הפיתוח שלנו. הכול בגלל ניסויים חוזרים ונשנים, הרבה בדיקות, ביורוקרטיה כבדה וניירת רבה. בתעשייה האמריקאית ידוע שצריך לעבוד בדיוק לפי ההוראות – אם יש טעות, צריך לתקן אותה ולהתחיל מההתחלה. זמן הפיתוח מתארך וההוצאות גדלות.

סודות ותהליכים בניהול

בשלב זה של הקריירה שלי כבר למדתי הרבה על אודות ניהול, וזו ההזדמנות לספר קצת על תהליכי ניהול ועל סודות מקצועיים הקשורים בניהול, בפיתוח ובייצור פרויקטים של מערכות נשק טיליות גדולות:

1) הקשבה – אחת המיומנויות החשובות בניהול פרויקטים ובניהול בכלל היא הקשבה. הקשבה זהירה ומושכלת ללקוח יכולה ללמד רבות על הצרכים הייחודיים לו, גם אם הוא עדיין לא יכול לבטא אותם במדויק. כאחראי לפיתוח הטילים במפעל מבת ישבתי שעות רבות עם לקוחותינו, אנשי המקצוע ואנשי האמל״ח (אמצעי הלחימה) בחיל האוויר, בחיל הים ובצבא היבשה. הקשבתי רוב קשב לדבריהם במטרה להבין מה חסר להם ומה לדעתם יכול להועיל להם. רק לאחר מכן ישבתי עם הצוות שלי לדון בהצעות האפשריות שיתנו מענה לצרכים הספציפיים שעלו. היינו בוחנים מה אפשר לעשות כדי להפוך את המוצר לאטרקטיבי עבור לקוחותינו בתחום הביצועים, במבנה המערכת, בהיבט של כוח האדם המעורב וגם מבחינת העלויות.

2) מחזוריות הפיתוח – פיתוח המערכות שעסקנו בהן מושתת על מחזוריות המחייבת ליזום בכל פעם רעיון חדש, להפוך אותו למוצר בר קיימא, לעניין לקוחות וחוזר חלילה. זו תמיד עבודת צוות. הדרך ליצור רעיונות חדשים לבקרים רצופה בקריאה מתמדת של ספרות מקצועית ולימוד מאחרים בתחום העשייה והפיתוח. לבסוף, כשמאתרים תחום מסוים שאפשר ליצור בו ייחודיות, יתרון מערכתי או עסקי – משקיעים מכספי המו״פ בשביל לפתח את הטכנולוגיה. יש לא מעט טכנולוגיות שפיתחנו בעזרת כספי המו״פ ושיצרו אחר כך פוטנציאל לפרויקטים שונים ומגוונים. למשל, יכולת ביות בעזרת מכ״מ אקטיבי בראש ביות של טיל הוא נושא שבמבת השקענו בו הרבה כסף ממו״פ עצמי.

כשהייתי ראש מנהל טילים עסקנו בשלושה תחומים – טילי ים, טילי יבשה וחימוש אווירי. בכל אחד מן התחומים היו אתגרים חדשים וכדי להתמודד עמם ניסינו להשתמש בטכנולוגיות קיימות או לפתח טכנולוגיות חדשות לטובתם. כך היה בעניין האלקטרואופטיקה – מחושים אלקטרואופטיים לסוגיהם, מכ״מים, בקרה והנחיה, מערכות שליטה ובקרה שמשמשות להפעלת המערכות ועוד ועוד.

3) חשיבה מערכתית – לחשיבה מערכתית יש משקל הן בפן האנושי־מוסדי והן בפן הטכנולוגי. בכל מערכת, אנושית כטכנולוגית, יש רכיבים

הקשורים זה לזה ברשת של קשרים ומשפיעים זה על זה הדדית. במערכות יש גם חלקים שהם מערכות בפני עצמן ושגם הן מורכבות מאוד – יש לתת את הדעת על כל אלה ולשלבן בצורה נכונה לשם השגת תוצאה מיטבית.

דוגמה לבניית מערכת נשק שלמה: פרויקט "סער 5" לחיל הים (התבצע בעת היותי בהנהלת מב"ת). בהמשך לספינות שרבורג המפורסמות, ספינות הטילים הראשונות של חיל הים – "סער 3", וספינות "סער 4" שנרכשו בהמשך, חיל הים ביצע בשנות השמונים פרויקט רכש גדול של ספינות טילים גדולות מהן – "סער 5". אנשי חיל הים בנו את הספינות האלה במספנה האמריקאית בפסקגולה, מיסיסיפי. את מערכת הנשק של הספינות בנינו אנחנו בשיתוף פעולה בין מבת לאלביט. במבת בנינו את מערכת הנשק והטילאות בהתאם לתהליכים הנדרשים לשם כך, ובאלביט בנו את מערך השליטה והבקרה.

במערכת נשק גדולה מעין זו יש ממשקים של אלמנטים רבים בין כל המערכות: סוגים שונים של טילים ישראליים ואמריקאיים, מערכות גילוי, מכ"מים, מערכות לוחמה אלקטרונית, אמצעי הגנה ועוד, והם משתלבים יחד למערכת נשק אחת ("סער 5" במקרה זה) ומופעלים מחדר הפיקוד של הספינה – זוהי הנדסת מערכת במיטבה.

4) זיהוי סיכונים – יש סיכונים שמובנים בתהליך הניהול והם: סיכון טכנולוגי גדול מדי שיכול לגרום לאיחורים ולביטול פרויקט; זיהוי מתחרים; מתחרים בעלי פוטנציאל למוצר מתחרה או טוב יותר; מציאת דרכים לשכנוע הלקוח שיעדיף את המוצר שלנו; סיכונים כלכליים הנובעים מחוסר תקציב ועלולים לגרום להפסקת פרויקט.

5) צעדים בוני מימון – כל רעיון, מבריק ככל שיהיה, לא יקרום עור וגידים בלי מימון. השלב הבא אחרי הגדרת מוצר הוא פנייה למפא"ת[25]

---

25 ראשי תיבות של המנהל למחקר, פיתוח אמצעי לחימה ותשתית טכנולוגית במשרד הביטחון.

במשרד הביטחון, שם, במחלקה המתאימה, עובדים על הפיכת הרעיון למוצר שיכול לקבל מימון. המימון העיקרי לפרויקטים בשלב הראשון בא משם. פעמים רבות מאשרים תקציב מוגבל לשם בדיקת רעיונות בשלב הפיתוח ההתחלתי. בכל שנה נבחנים עשרות רעיונות, וגיוס הכספים הנוסף בשביל הפיתוח נעשה רק לאחר בדיקה יסודית של הרעיון גם מול המשתמש בצה"ל. יש גם השקעה עצמית של התעשייה האווירית, כך שיש צורך לשכנע את הנהלת המפעל ואת הנהלת החברה כדי לקבל מימון פנימי לפיתוח טכנולוגיות עיקריות שדרושות עבור מערכת זו או אחרת.

פעמים רבות הכסף הנוסף לפיתוח מגיע מחוץ לארץ מתוך עניין של מדינה מסוימת במוצר. לעתים צריך לאתר לקוחות שיש להם צורך מבצעי אמיתי ולעניין אותם. המימון לפיתוח מגיע הן מהקונים והן מישראל. יש לציין כי הרבה מדינות רואות יתרון גדול בטכנולוגיות של מוצרים צבאיים המפותחים בארץ. זאת בשל הבנה מבצעית מפותחת במיוחד שהיא פרי המציאות הביטחונית בארץ וכן בזכות קשר הדוק מאוד בין המפתחים לבין החיל המשתמש. היתרונות האלה ידועים בעולם, ולכן מכירות של מוצרים צבאיים מתוצרת ישראל קוצרות הצלחה.

6) הבנה של היבטים טכנולוגיים לעומק - חלק משמעותי מתהליך ניהול של מְנהל או מפעל גדול הוא היכולת להבין מה חשוב יותר ומה פחות, להתמקד בעיקר, להנחות את האנשים לעבוד בהתאם לסדרי עדיפויות ולוודא מהם הפרמטרים שצריך לבדוק. כל התהליך הזה לא טריוויאלי, ולומדים אותו עם השנים. כשמנהל לא מודע מספיק להיבטים הטכנולוגיים או לא מבין אותם לעומקם (אם הוא בא מתחום ניהול הכספים למשל), הוא עשוי לפעול באופן שבלוני ויהיה לו קשה ליזום חידושים ולהפוך טכנולוגיה למוצר חדש ואטרקטיבי.

7) מוטיבציה של הצוות - בתעשייה האווירית מעולם לא היו משכורות גבוהות ואף אחד לא ראה בכך עילה לעזוב למקום אחר, כפי שקורה היום בהרבה מקרים. לאנשים שבאו לעבוד בתעשייה יש בדרך כלל מוטיבציה ולרוב גם מחויבות אידיאולוגית. נוסף על כך, נראה לי שעבור אנשים

שלמדו מקצועות טכנולוגיים ועוסקים בהם לא יכולה להיות עבודה מרתקת יותר מזו שבתעשייה, והיא מאפשרת לחזות כיצד מה שתכננו ופיתחו הופך למוצר שישמש אחר כך את צה"ל. עם זאת, יש צורך מתמיד לשמור על רמה גבוהה של התלהבות ומחויבות, ולמנהל הארגון יש בכך חלק נכבד. עסקתי בזה הרבה מאוד.

ככל שאני יודע, רוח המסירות וההתמסרות נשמרת גם היום, אם לשפוט לפי מה שראיתי ב"מִנהלת חומה" וב"כיפת ברזל". חשוב ביותר להבין שבפרויקטים גדולים ומורכבים מעין אלה, שמשתתפים בהם עשרות ומאות אנשים וקבלני משנה, מוטיבציה גבוהה של הצוות חיונית להצלחה. כשמישהו בונה לך מנוע לטיל, אתה רוצה שהוא ירגיש שותף של ממש לפרויקט ולא רק סַפָּק. במערכת החץ היה היקף המשתתפים, אנשי המערכת וקבלני המשנה גדול עוד יותר, אבל זו אותה רוח – המוטיבציה של האנשים לא קשורה להטבות כספיות אלא לעניין ולרצון לתרום.

8) התייחסות לכישלונות – מטבע העניין יש הרבה כישלונות בדרך, לא תמיד מצליחים. היו לנו ניסויים שנכשלו, ואנשים בתפקידים שונים עשו שגיאות שנראו לעתים טיפשיות וחסרות אחריות וגרמו להוצאה כספית ענקית שירדה לטמיון. תמיד התייחסנו לכישלונות ולשגיאות כאל חלק מהדרך – אדם הוא אדם. הוא יכול לטעות, וצריך לתת לו הזדמנות לתקן. כאשר אדם מסוים רשלן במהותו, מוציאים אותו מהצוות, אבל אם הוא מסור ועשה טעות, צריך לאפשר לו ללמוד ממנה ולהמשיך.

הבנה טכנית, הבנה מערכתית, מוטיבציה של אנשים וסבלנות כלפי כישלונות – כל אלה צריכים להשתלב יחד כדי להגיע להצלחה.

.6

שקט, מנהלים

באוגוסט 1985, לאחר כארבע־עשרה שנות עבודה בתעשייה האווירית שבמהלכן מילאתי תפקידים מגוונים (האחרון בהם היה ראש מנהל טילים), יצאתי ללימודים מטעם התעשייה. זו הייתה מעין הפסקה לפני התפקיד הבא. בתחילה חשבתי ללמוד ניהול במוסד ידוע ומכובד, כמו אוניברסיטת הארווארד בבוסטון, אבל הקסם הקליפורני עשה את שלו, ובסוף בחרתי ללמוד בקורס בבית הספר של הצי האמריקאי – Naval Postgraduate School, שבמונטריי, קליפורניה. זה היה קורס בינלאומי לניהול מהיבט ממשלתי. הוא נועד במיוחד לאנשי צבא ולעובדי מדינה וארך כארבעה חודשים. נוסף על ההיבטים המקצועיים של תורת הניהול, כלכלה, תקציבים וכדומה, כללו הלימודים גם חילופי דעות על השקפות עולם ועל דרך חיים.

אחד מיתרונותיו הבולטים של הקורס בעיניי היה מפגש עם אנשים מכל העולם, כולל ממדינות שכנות שאין להן יחסים רשמיים עם ישראל. הכרתי בין השאר קצין סורי, קצין ירדני, שני קצינים מצרים וגם אחרים, ועם רובם שוחחתי. הקשרים שנוצרו היו חשובים בהיבט האישי יותר מאשר בהיבט המקצועי. קשר מעניין נוצר לי עם איש צבא מבנגלדש. בתקופת שהותי בסינגפור, כעשר שנים לאחר מכן, פגשתי אותו בתערוכה אווירית וגיליתי שהפך בינתיים למפקד חיל האוויר של בנגלדש. קשר נוסף, חם במיוחד, נוצר ביני לבין שלושה קצינים מדרום קוריאה שגילו הערצה לכל מה שישראלי.

מבחינה משפחתית הייתה זו עת של קרבה וחוויות משותפות. נסעתי לקליפורניה עם גבי, אשתי, ועם בניי יהל וניצן. שרון, בתנו הבכורה, נשארה בארץ ובאה לבקרנו לקראת סוף שהותנו במקום. הבנים נרשמו לבתי ספר מקומיים - ניצן לכיתה ב׳ ויהל לתיכון. חוויית בית הספר שלהם הייתה מרתקת, ובהזדמנות זאת הם גם רכשו אנגלית טובה. ביליתי שם עם המשפחה הרבה יותר זמן מאשר בארץ - ערכנו ברביקיו בגינה שלנו ואצל אחרים וטיילנו הרבה בכל האזור. בחורף נסענו ליוסמיטי פארק (Yosemite Park) ועשינו סקי - הפעם הראשונה והיחידה שהתנסיתי בכך. כשראיתי את שני הבנים הקטנים שלי גולשים בקלילות, החלטתי להשאיר להם את התענוג ופרשתי בשיא, לא לפני שנפלתי כהוגן.

סגן מנהל מבת (1986–1989)

בפברואר 1986 הסתיימו לימודיי בקליפורניה. באחד הימים צלצל אליי קובי תורן[26] ז״ל, שמונה אז למנהל מבת, והציע לי לשמש כסגנו כשאחזור ארצה. בתחילה הסתייגתי במקצת כי התעניינתי בנושאים טכניים יותר מאשר בנושאים אדמיניסטרטיביים, אבל לבסוף השתכנעתי והסכמתי.

חזרתי למבת כסגן מנהל המפעל, והתמקדתי בעיקר בהיבט התפעולי. ניהלתי פרויקטים ברמת העל - ביצוע מעקב ובקרה על כל הפרויקטים המתקיימים במפעל, ביקורות תקופתיות, הקצאת כוח אדם ופתרון בעיות על בסיס יומיומי. היות שכבר כיהנתי כראש מְנהל, הניהול לא היה זר לי, אך ההיקף והאינטנסיביות של העבודה כסגן מנהל מבת היו גדולים בהרבה ממה שהכרתי וכללו טיפול מרובה ביחסי אנוש, באיזון משאבי אנוש לטובת

26 יעקב (קובי) תורן, דמות משמעותית בעולם ההייטק והצמרת הביטחונית. הזניק את חברת אל־אופ (שעבר לנהל אותה אחרי מבת) למעמד של קבוצה בינלאומית מובילה. לאחר שאלביט קנתה את אל־אופ, נהיה חבר בהנהלת אלביט. מאוחר יותר הפך להיות יו״ר מועצת המנהלים של רפא״ל ואז מנכ״ל משרד הביטחון, תפקידו האחרון, ממש לפני מלחמת לבנון השנייה. נפטר מדום לב זמן לא רב אחרי שפרש ממשרד הביטחון.

פרויקטים כאלה ואחרים ובקביעת סדרי עדיפויות ויחסים עם הלקוחות.

בתקופה ששימשתי בתפקיד התרחשו כמה עניינים משמעותיים – מדינת ישראל החליטה לבנות יכולת לשיגור לוויינים ולהפעלתם, וזאת כפרויקט לאומי ממדרגה ראשונה שישחרר אותה ממגבלות גיאוגרפיות ויאפשר יכולות גלובליות בתחומי התצפית והתקשורת. בין הגורמים שהשפיעו על הכניסה לתחום החלל היו גם ירידה בהזמנת טילים מהתעשייה וביטול פרויקט הלביא. בתעשייה האווירית בחרו במפעל מבת שיקים את התשתיות לבניית לוויינים ולבדיקתם ואת תחנת הקרקע לשידור ולקליטה מהלוויינים. משגר הלוויינים פותח במל"מ, מפעל אחר בתעשייה האווירית שאחר כך עבדתי אתו בנושא החץ.

לוויין דומה לטיל בהרבה מאוד מובנים, למעט עניין אחד עקרוני – אי אפשר לתחזק אותו, לכן האמינות של הרכיבים המשמשים לבנייתו ועמידותם הן גורם מכריע. הקמנו מעבדות ותחנת קרקע (שעובדת עד היום מול הלוויינים), שלחנו צוותים לאירופה להשתלמות בנושא רכיבים חלליים, ייצור ופיתוח לוויינים ומערכות ייחודיות של בקרת לוויינים והנחייתם (השונות מאלה של הטילים).

היו לנו הסכמי שיתוף פעולה עם כמה חברות אירופיות, ועם נאס"א (NASA) האמריקאית. קיימנו תהליך שלם של למידה שאפשר לנו להקים את מנהל החלל ולפתח את הלוויין הראשון – "אופק 1", לוויין פשוט יחסית (דומה במובן זה לספוטניק הראשון הרוסי), שנועד בעיקר לבדוק את המסוגלות שלנו לשגר ולהכניס אותו לתוך מסלול בחלל. בפרק זמן קצר יחסית נכנסה ישראל למועדון המדינות שיש להן יכולת מוכחת לפיתוח לוויינים, לייצור ולשיגור שלהם.

ראש מנהל החלל היה איש חריף שכל – ד"ר משה בר לב, בן המחזור שלי בטכניון (קלטתי אותו בשעתו בפרויקט "הדוכס"), שהפך במהלך השנים למומחה מספר אחת שלנו ללוויינים. עבדו עמו אנשי מקצוע נוספים ברמה גבוהה שעברו למנהל החלל מהעיסוק בטילים.

עם זאת, לא הכול היה פשוט. עיכובים אדמיניסטרטיביים מתרחשים

תמיד והתרחשו גם כאן, לעתים בקלות יתרה. היו גם חיכוכים טריטוריאליים תכופים בין מבת לבין מל״מ, עד כדי אי נעימות. כל צד היה משוכנע שהוא יודע לבצע את המטלות טוב יותר מהאחר, ולכן עליו, ולא על הצד האחר, לקבל את הפרויקט. מקרים מסוג זה קורים לא מעט בין מפעלים ותעשיות.

במבת המשכנו כמובן לעסוק גם בטילים, אך היקף הפעילות ירד. אחת הסיבות לירידה הזו הייתה מענק הרחבת הסיוע הביטחוני מארצות הברית. מדובר ב־FMF (Foreign Military Fund) – מענק שהממשל האמריקאי מעניק למדינות שונות ואפשר לנצלו רק בארצות הברית. החלק הצבאי בסיוע שקיבלה ישראל מארצות הברית מבוסס על המענק הזה, ועקב כך חיל הים רכש את הציוד שלו בארצות הברית. המצב הזה שינה במובן מסוים את פני מפעל מבת, בדומה למפעלים אחרים בתעשייה הביטחונית הישראלית, וחיזק את התלות הישראלית באמריקאים.

את ספינות הטילים החדשות, ״סער 5״, התחילו לבנות אז בארצות הברית, ומפעל מבת מונה לשלב את מערכת הנשק בספינות הללו. הקמנו משרד פרויקט שכלל מעבדה לשילוב מערכות הנשק לספינות, בתחילה בתוך המפעל ואחר כך בספינות עצמן. זמן לא רב אחרי כן בוצע פרויקט דומה עם הצוללות החדשות שחיל הים קנה בגרמניה, וגם בו היינו מעורבים ברמה מצומצמת יותר.

ב־1987 בוטל פרויקט הלביא,[27] והתעשייה האווירית, שהלביא היה פרויקט הדגל שלה, עברה זעזוע קשה מאוד. אלפי אנשים פוטרו. במבת עסקנו עד אז במערכת בקרת הטיסה של הלביא, וגם הפיתוח הזה הופסק. נושא החלל והלוויינות תפסו במידה רבה את מקום הלביא, אך עדיין היו לנו

27 פרויקט ה״לביא״ היה פרויקט ישראלי לייצור מטוס קרב חד־מנועי, רב משימתי, מודרני וזול. הפרויקט התבצע בתעשייה האווירית, עבר את כל שלבי התכנון והגיע לחמישה אבות טיפוס – שניים מהם אף טסו בשמי הארץ. בשלב זה החליטה ממשלת ישראל על הפסקת הפרויקט.

הרבה פרויקטים של מערכת הביטחון שהיו כרוכים בפיתוח ובהצטיידות של מערכות חכמות.

אירוע נוסף התרחש ב־1986: חתימת הסכם בין יצחק רבין, שר הביטחון דאז, לבין קספר וויינברגר, אז שר ההגנה האמריקאי, על השתתפות ישראל ב"מלחמת הכוכבים" (Strategic Defense Initiative). כל התעשיות הביטחוניות נתבקשו להציע מיזמים שיתכנסו תחת המטרייה של פרויקט אמריקאי שמוכן להשקיע כספים בפיתוח של מערכות הגנה מטילים. כסגן מנהל מבת קיבלתי על עצמי להוביל את המיזם במפעל. היו כמה וכמה נושאים מעניינים שקידמנו באותו זמן, ועל חלקם מותר לספר: פוטנציאל לשימוש בלייזר רב עוצמה נגד סקאדים. פיתוח נוסף שאמנם לא היה שלנו אבל הובלנו אותו מבחינה מערכתית הוא – Hyper Velocity Gun, תותח היורה פגזים במהירות־על כדי לפגוע בטילים בליסטיים. במקביל, הציע מנהל מל"מ דאז, דב רביב, את טיל ה"חץ" לאותה מטרה. פרויקט ה"חץ" זכה לתמיכה של מערכת הביטחון ושל האמריקאים ועבר לשלב המימוש, בעוד הרעיונות האחרים שהיו מרתקים היו יקרים מדי וחלקם אף אקזוטיים מדי ולא הגיעו לכלל מימוש.

ניהול מבת (1989–1995)

יום בהיר אחד החליט קובי תורן, מנהל מבת בשנים 1985–1989, לעזוב את התעשייה האווירית, ועבר לנהל את אל־אופ ברחובות. כתוצאה מכך הוצע לי להיות מנהל מבת. מנכ"ל החברה שאל אותי אם אני מוכן לקבל על עצמי את התפקיד ואם ברור לי שרווחיות המפעל היא העיקר (ושאם אני לא מבין זאת, לא ימנו אותי). השבתי שאני יודע ומוכן.

הכסף עמד במרכז העשייה מאותו רגע. חלק נכבד ביותר מעיסוקי כמנהל מפעל היה לדאוג לפרנסה שתשמן את גלגלי המפעל ותאפשר המשכיות. מפעל שעובדים בו כ־1,200 איש, שכל אחד מהם צריך לקבל משכורת, והמפעל צריך גם להרוויח כסף בסוף השנה. שמירה על מאזן במפעל שהוא חברה ממשלתית איננה משימה פשוטה.

שלוש הזרועות העיקריות של פעילות המפעל היו: ים, אוויר וחלל. במנהל החלל היינו באותו הזמן אחרי שיגור לוויין "אופק" הראשון ולקראת שיגור השני, שכבר היה לוויין תצפית מבצעי. היה צורך להמשיך בשיווק הלוויינים וליצור יוזמות חדשות שימשכו לקוחות. במקביל חלה התרחבות בפעילות הטילים, ומִנהל הטילים פוצל לשניים: טילי ים וטילי אוויר ויבשה. עניין מרכזי נוסף בניהול היה ניסיון להביא עוד פרויקטים מחו"ל. הדבר חייב שיווק מסיבי למדינות שונות בעולם שחלקן בלתי שגרתיות ומפתיעות.

עבור חיל הים ביצענו פרויקטים הקשורים למערכות הנשק של "סער 5" ולצוללות. באותו זמן עבדנו גם על מערכת "ברק" – מערכת הגנה לספינות כנגד טילים המבוססת על טיל "ברק 1". המערכת הזו עוררה בהתחלה תחרות כבדה בינינו לבין רפא"ל, ובסופו של דבר הפרויקט הפך למשותף. מבת הוגדר כקבלן הראשי, ועובדי רפא"ל ביצעו חלק מהמערכות ואת הטיל עצמו. הפרויקט הזה היה בעייתי לניהול. למדתי דרכו את הקושי שבשיתוף פעולה בין תעשיות שונות (כולל מתיחויות ואינטריגות בין מפעלים), ושאין זה טריוויאלי לנהל פרויקט שאלמנטים מרכזיים מאוד שלו מיוצרים בתעשייה אחרת.

דבר חשוב נוסף שלמדתי במסגרת התחרות על טיל "ברק" הוא איך עסקה של מכירה ללקוח זר יכולה להניע את גלגלי הפרויקט ולהפכו לפרויקט מרכזי של חיל הים שלנו. נפגשתי בדרום אמריקה עם לקוחות פוטנציאליים שהבינו את חשיבות ההגנה על ספינות, והביעו עניין רב בנושא. במטרה לגרום ללקוח להשתכנע יוצרים, בשיתוף פעולה עם חיל הים, תדמית של יכולת מתקדמת ומוכחת. באים למפקד צי של מדינה כזו או אחרת בדרום אמריקה, מסבירים לו את ביצועי המערכת ואת יתרונותיה המתקדמים, ומוודאים שיש סוכן שמבין כיצד לגרום למימוש של העסקה. התוצאה – כולם מרוצים: הלקוח הזר מקבל (קצת באיחור) מוצר איכותי, חיל הים מצטייד גם הוא, ובתעשיות יש פרנסה.

הלקוח שהצטייד לבסוף בטילים קיבל טילי "ברק" מתוצרת רפא"ל.

עד היום מערכות ברק (היום יש כבר "ברק 8", שהוא אחר ובעל טווחים וביצועים אחרים) הן ממוצרי השיווק הגדולים של התעשייה האווירית ושל רפא"ל.

במקביל נעשה שיווק מסיבי של מזל"ט התקיפה "הרפי", וניסינו למכור אותו ברחבי העולם. הניסיון הזה הצליח בחלקו. בהמשך פותחו למזל"ט התקיפה נגזרות חדשות בעלות ייעודים שונים משל ה"הרפי" המקורי, ושולבו גם הן.

את כל אחד מהפרויקטים שלעיל היה צריך לאפיין עבור כל אחד מהלקוחות, וגם להצביע עבורו על היתרונות הספציפיים שהוא יקבל כתוצאה מקנייתם. בכמה וכמה מוצרים הייתה תחרות – הן מול מוצרים אמריקאיים ואירופיים והן מול מוצרים של חברות ישראליות אחרות. עד היום יש תחרות כמעט בכל תחום בין התעשייה האווירית לבין אלביט ובין התעשייה האווירית לבין רפא"ל בנושאי טילים. כל הזמן "הולכים מכות" – כל אחד מנסה לדאוג לכך שהשני יפסיד, עד כמה שזה אבסורדי.

משברים ופתרונות

משבר תעסוקתי ומשבר בכוח אדם מתרחשים באופן מחזורי בכל חברה. באמצע תקופת הניהול שלי במבת, בתחילת שנות התשעים, עברנו זמנים קשים. לא הייתה מספיק הכנסה בשל מיעוט הזמנות. תמהיל עובדי המפעל הוותיקים לא התאים לצורכי הפיתוח של הפרויקטים החדשים, וכמעט לא התאפשר לקלוט עובדים חדשים ומתאימים. לא רק במבת היה כך – התעשייה האווירית כולה סבלה מאוד באותה תקופה. ניסינו לייצר פתרונות שונים למצב – למשל הוצאת אנשים לפנסיה מוקדמת והעברת חלק מהאנשים למפעלים אחרים – אך המצב הזה מורכב, בייחוד כאשר מדובר בעובדים בעלי קביעות. לקראת השלב השני של תקופת הניהול שלי חזרנו שוב לאיזון. בכל מקרה, עבודת הניהול כרוכה בחיפוש מתמיד אחר פרויקטים חדשים, בשיווק אגרסיבי

בארץ ובעולם ובשיפור תדיר של תהליכי הביצוע ושל עבודות הפיתוח והייצור על מנת לחסוך בהוצאות.

כמו כן, ניהול מפעל גדול כרוך תמיד בצרות כאלה או אחרות. סיפור יחסי העבודה עם ועד העובדים הוא כמובן פרשה בפני עצמה (אם כי בדרך כלל היו לי יחסים טובים עם חבריו). לדוגמה – הייתה לנו במפעל מחלקת כימיה, שייצרה כרטיסים מודפסים עבור הטילים, המערכות האלקטרוניות וכו׳. זו הייתה מחלקה מאוד לא רווחית שהתנהלה בחוסר יעילות בעיקר בגלל ציוד מיושן שלא היה כדאי לחדשו. יום אחד גיליתי שמישהו מעוניין לקנות את המחלקה על עובדיה ולהקים אותה מחוץ למפעל, כאשר המנהל הקיים (אדם מוכשר מאוד) ימשיך לנהל אותה כעסק פרטי. להפחית חמישים איש ממצבת העובדים בתקופה שבה יש עודף של משכורות לתשלום, לא היה דבר של מה בכך. הצלחתי לעשות זאת בשיתוף פעולה עם ועד העובדים של מבת, לאחר שאנשיו הבינו כי הפעולה הזו נועדה לטובת המפעל. רק לאחר שהמהלך כבר בוצע הופיע במשרדי יו״ר ועד העובדים בתעשייה האווירית, והסביר לי בשפתו הציורית שמה שעשיתי לא ייסלח לי. אבל הכול כבר היה גמור וחתום עם הקונה – הצלחתי למכור את היחידה הזו. אמנם חוזי ההעסקה של העובדים השתנו מחוזה של עובד קבוע בחברה ממשלתית לחוזה של עובד בחברה פרטית, אבל מוטב כך מלהיות מפוטרים לגמרי. היחידה הזו הפכה למפעל פרינטים רווחי, לפחות לתקופה מסוימת, והשינוי הזה הועיל לכולם. זו הייתה דוגמה לאחת הפעולות המהותיות שבאמצעותן הצלחתי להוריד נטל ממשי מהמפעל.

החלק היציב ביותר במפעל בזמן ההוא היה הלוויינות – הזמנה רב שנתית ללוויינים התחדשה בכל שנה וכיסתה את העלויות. עסקנו אז בלוויינות הבסיסית של משרד הביטחון – לווייני תצפית, כמו ה״אופק״ ודומיו, שנועדו לצלם מהחלל, וכיום הם חלק ממערך המודיעין של מדינת ישראל. אך היה לנו רצון ליזום וליצור כל הזמן פרויקטים חדשים. כך נכנסנו להרפתקה ששמה ״עמוס״ – לוויין תקשורת.

בזכות "אופק" פיתחנו יכולות ייחודיות יחסית בלוויינים קטנים. האמנו שאפשר יהיה ליצור נישה עסקית של לווייני תקשורת כמו "עמוס", שהוא קטן משמעותית מהלוויינים האמריקאיים או האירופיים. התעשייה האווירית החליטה להשקיע בכניסה לתחום. הוקמה חברה בשם חלל תקשורת,[28] שבראשה עמד מאיר עמית[29] ז"ל, יחד עם התעשייה האווירית כשותפה בחברה, שייעודה הספקת שירותי תקשורת לוויינית. בנינו תוכניות עסקיות כדי לקבל את ברכת הממשלה והבטחה לתמיכה, והושקע מאמץ לקבל תמיכה כספית והלוואות מהבנקים מול הערבות הממשלתית. אחרי כן ניסינו לגרום לכך שעוד מדינות יקנו את שירותי התקשורת, והצלחנו לגייס כמה לקוחות בארץ ובאירופה עוד לפני שלוויין "עמוס 1" שוגר.

כדי לבנות לוויין תקשורת נדרשנו לפתח ידע בתחום זה, לרבות ידע מערכתי וידע טכנולוגי ייעודי למוצר זה. לאחר מכן היינו צריכים למצוא פתרון לשיגור הלוויין, כי המשגרים הישראליים התאימו לשיגור לווייני התצפית, שהם קלים יחסית. משקלם נע בין מאתיים לשלוש־מאות קילוגרם, אך משקלו של ה"עמוס" היה כטונה, ואי אפשר היה לשגר אותו במשגר ישראלי. לבסוף הגענו להסכם עם סוכנות החלל האירופית, שאִפשר את שיגור "עמוס" ב"אריאן 5", משגר אירופי־צרפתי.

השיגור בוצע מאתר קורו,[30] שבדרום אמריקה. השיגור וההכנסה של לוויין תקשורת כוללים את השלבים הבאים: המשגר שולח את הלוויין

28 חלל תקשורת (Spacecom) היא ספקית שירותי לוויין ישראלית המשווקת את שירותי הלוויינים מסדרת "עמוס", המיוצרים בישראל על ידי התעשייה האווירית.

29 מאיר עמית (סלוצקי), 1921–2009, היה אלוף בצה"ל, לוחם ומפקד בהגנה, ראש המוסד השלישי, מנכ"ל כור תעשיות ושר בממשלת ישראל.

30 בסיס החלל האירופי קורו משמש את סוכנות החלל האירופית לשיגור לוויינים. הבסיס ממוקם בגינאה הצרפתית קרוב לקו המשווה, ומיקומו כמעט אידאלי לשיגור לוויינים למסלול גיאוסינכרוני סביב כדור הארץ.

למסלול מעבר אליפטי. אחר כך הלוויין מתקן את מסלולו בעזרת מקורות האנרגיה שלו עד שהוא נכנס למעגל שלם סביב כדור הארץ, למסלול גיאוסטאציונארי,[31] ולאחר מכן הוא מסיט את עצמו כדי שייעצר בנקודה שממנה יש לו קו ראייה אלינו, במקום שלישראל יש עליו "חזקה"[32] בחלל.

השיגור בפועל בוצע ב־1996, בתקופת שהותי בחו"ל בראש משלחת של התעשייה האווירית. הייתי אז בחופשת מולדת, ולשמחתי יכולתי להשתתף בו. השיגור הצליח והייתי מרוצה מאוד.

ניסינו להיכנס לתחומים אזרחיים נוספים, כמו איכות הסביבה, אך לא נחלנו הצלחה יתרה. הייתה לנו טכנולוגיה מתאימה, אך לא היינו בקיאים בשוק האזרחי מבחינה עסקית, והשיווק בתחום הזה הוא סיפור אחר לגמרי. למשל, על בסיס הידע שלנו באלקטרואופטיקה פיתחנו מערכת למציאה אוטומטית של פגמים בסכינים של "ישקר". נחלנו הצלחה התחלתית ונָקנו מאתנו כמה מכונות, אך בסופו של דבר התחום הזה לא התפתח. מי שהחליף אותי בניהול מבת, יצחק ניסן, חשב שצריך להתמקד רק בפעילות צבאית וזנח את הכיוונים האזרחיים, מלבד "עמוס".

---

31 מסלול גיאוסטציונרי (Geostationary Earth Orbit – GEO) הוא מסלול מעגלי סביב כדור הארץ מעל קו המשווה והוא מרוחק 35,786 קילומטר מפני הארץ. תכונתו העיקרית של מסלול זה היא שכל נקודה עליו משלימה הקפה סביב כדור הארץ בכל עשרים וארבע שעות (דוגמת נקודה על פני הארץ), ולכן הנקודה על המסלול נראית כנייחת ביחס לנקודה על פני הארץ. תכונה זו מאפשרת להעביר שירותי תקשורת לאזורים מוגדרים על פני הארץ לאנטנות המכוונות לנקודה ספציפית בחלל.

32 "חזקה": רק למדינות מותר לקנות חזקה על נקודה מסוימת בחלל, ורק אליה מותר לה לשגר לוויינים. יש משרד בינלאומי שעניינו הקצאת החזקות למדינות.

7.

שירות בחו"ל (1998-1995)

אחרי שש שנים כמנהל מבת הרגשתי שהגיע הזמן להעניק למישהו אחר הזדמנות לנהל את המפעל. שש שנים הן קדנציה ארוכה. קדנציית ניהול ממוצעת נמשכת בדרך כלל בין שלוש לארבע שנים. חשבתי שיהיה נחמד לצאת לאחת מן המשלחות של התעשייה האווירית. יש משלחות כאלה במקומות שונים ברחבי הגלובוס, ובדיוק בזמן ההוא עמד להתפנות תפקיד של ראש המשלחת באחת מהמדינות שבדרום מזרח אסיה.

החלטתי לקבל את התפקיד אם ניצן, בני הצעיר שסיים אז תיכון, יתקבל ללימודים אקדמיים באוניברסיטה המקומית. הוא אכן התקבל לאוניברסיטה, ואני קיבלתי על עצמי את התפקיד.

ניצן ואני יצאנו ראשונים. גבי הצטרפה אלינו בשלב יותר מאוחר. שרון כבר השתחררה מהצבא והייתה אחרי תקופת שהייה בארצות הברית. היא קנתה כרטיס טיסה לטיול סביב העולם, טסה לבנגקוק ואחר כך לניו זילנד, שם שהתה כחצי שנה במקביל לזמן שהגענו למקום. לאחר מכן באה להיות אתנו ולעזור לנו להתארגן. יהל נותר באותה תקופה בארץ כנציג המשפחה כלפי הסבתות, ואחר כך החליט לטייל בארצות הברית, טיול שהתארך לשבע־עשרה שנים. ניצן למד באוניברסיטה, והיה הלבן היחיד בין כל האסיאתיים. בהתחלה היה לו קשה, אבל לאחר זמן קצר "תפסה" אותו בחורה מקומית והכול הסתדר. התגוררנו בדירה שכורה גדולה קרוב לאזור המגורים של רוב הישראלים. בתקופה ההיא היו שם כמאה ישראלים

לפחות וגם קהילה יהודית די גדולה שמנתה מאות אחדות, שלושה בתי כנסת, מועדון יהודי ועוד.

דברים שרואים משם

בתקופת שהותי בחו"ל השקעתי מאמץ כן להבין לעומקם את צורת החשיבה, את הצרכים, את סגנון החיים ואת תחומי העניין של המקומיים ולמצוא נקודות השקה בין התרבות היהודית שלנו לבין התרבות שלהם. המקומיים מעריכים ביותר את היכולת האינטלקטואלית של הישראלים ובעיקר את יכולת החשיבה החדשנית, שחסרה להם. הם מודים בעובדה שהם לא יצירתיים ואפילו מזמינים מרצים מן הארץ כדי שילמדו באוניברסיטה מהי יצירתיות. הסיבה לחסם היצירתי שלהם היא בעיקר תרבותית לדעתי וקשורה למסורת המקומית – הם נשמרים מאוד לא להגיע למצב שיגרום להם השפלה או איבוד יוקרה. יזמות ופיתוח יכולים להוביל להצלחה אבל גם לכישלון, והמקומיים מעדיפים לא לפתח כדי לא להיכשל – עדיף שהישראלים יפתחו – אם יצליחו יופי, ואם לאו – יש על מי לצעוק.

כשהמדינה קיבלה עצמאות, מנהיגיה פנו לכל מיני מדינות בעולם כדי לקבל סיוע בהקמתה. הם פנו גם לישראל וקיבלו מאתנו עזרה רבה. כבר בשלב מוקדם מאוד באו משלחות מישראל כדי לעזור בהקמת התשתית הכלכלית במדינה.

זו מדינה עשירה ומהמפותחות בעולם. אנשיה מגלים יכולת גבוהה במתמטיקה, בעסקים ובכספים, ובאותה עת גם מודעים לחסרונותיהם. לכן בתחומים שונים הם פונים לקבלת עזרה מחוץ למדינה. למשל, חוסר בכוח אדם גרם להם לפתח בסין ובהודו מרכזי תעשייה שמשרתים אותם על בסיס כוח אדם מקומי. בהודו לדוגמה יש עיר שלמה שהם מימנו את הפיכתה לעיר תוכנה, וחלק מפיתוחי התוכנה עבור הפרויקטים שלהם נעשים שם.

החוקים והתהליכים במדינה מתקדמים וחכמים הרבה יותר מאשר אצלנו ובעולם המערבי בכלל. לדוגמה: כל אחד חייב לעבוד. אין עניים ואין מובטלים. בכל חניון אפשר לראות אדם זקן שמחזיק בידיו מטאטא

ומטאטא את החניון. כמו כן נהוגה שם שיטה שבמקום לשלם ביטוח רפואי
וביטוח לאומי, כנהוג אצלנו, יש ביטוח אחד. עשרים אחוזים מכל משכורת
מופרשים אליו, והממשלה משלימה עוד עשרים אחוזים. ארבעים אחוזים
מגובה המשכורת נכנסים בכל חודש לקרן הביטוח, כל הטיפול הרפואי
הוא פרטי, והפרט יכול להשתמש בקרן לכל דבר או לחסוך. לא הפסקתי
להתפעל מהמקומיים, מדרך המחשבה שלהם ומהצלחתם להתפתח ולהפוך
למובילים בעולם מבחינה כלכלית.

טיולים ברחבי המזרח

בזמן שהותנו בחו"ל היו עניינים חשובים וחשובים יותר: הדבר החשוב
יותר היה בריכת השחייה שעמדה בחצר ביתנו, ובה הייתי הולך לשחות
בכל יום אחרי העבודה... מקום של התרגעות יוצאת מן הכלל. במדינה לא
יושבים בחוץ כמו בישראל. זוהי מדינה טרופית, ליד קו המשווה, ולפיכך
גשם יורד בה מדי יום וחם שם מאוד. הטמפרטורה כמעט אינה יורדת
מתחת ל־30 מעלות, והלחות עומדת על תשעים אחוזים כל הזמן. לכן הכול
ממוזג, ורק אחרי שחייה הרשיתי לעצמי לשבת קצת בחוץ ולהרגיש נעים.
דבר חשוב לא פחות היה הטיולים. הייתה לנו הזדמנות לטייל בכל רחבי
המזרח הרחוק – תאילנד, וייטנאם ואינדונזיה – ובאוסטרליה וניו זילנד.
לאינדונזיה אפשר היה להיכנס עם דרכון ישראלי, וצריך היה לשלם סכום
מסוים כדי לקבל אשרה (למלזיה אי אפשר היה להיכנס). היו לנו הרבה
טיולים ואינספור זיכרונות – בכל שנה נסענו כשלוש או ארבע פעמים.
אחד הטיולים המרתקים ביותר שערכנו היה לסין. הצטרפנו לקבוצה
של מקומיים ממוצא סיני שארגנו לעצמם טיול שורשים, וגבי ואני היינו
הלבנים היחידים בה. המסע הצריך מתרגם שיעמוד לרשותנו. בילינו
כשבועיים בדרום סין, במרכז סין, בחבל סצ'ואן, בצ'אנג דו, עיר גדולה
מאוד ותעשייתית, וגם בהונאן. כמו כן, בילינו ארבעה ימים בהפלגה על
היאנג־צה, בגרסה סינית של ספינת האהבה. בכל יום היינו יורדים אל
החוף ומבקרים בעיירות על גדות הנהר או שטים בסירות קטנות בערוצי

הנחלים. באחד הימים הגענו למקום שבאותה העת נבנה בו הסכר הגדול ביותר בעולם. היה מעניין לראות נוף שעתיד להשתנות לחלוטין לאחר הפעלת הסכר – כשהמים יציפו ויעלימו הרבה כפרים מסביב. ביקרנו גם במקומות מיוחדים שראינו בהם אוכלוסייה ייחודית, למשל שבטים בדרום סין שמקיימים אורחות חיים ואירועים אתניים שייחודיים להם בלבד.

יצאנו גם לשני טיולים נהדרים שארגנו בכוחות עצמנו עם זוג חברים – האחד לווייטנאם והשני לנפאל. הזמנו מראש מדריך מקומי (אי אפשר לטייל שם לבד, אלא רק בלוויית נהג שמוביל אותך ממקום למקום). יהל, בני השני, הצטרף אלינו לטיול בווייטנאם.

האנשים בווייטנאם נחמדים, מכניסי אורחים וגאים מאוד בעובדה שמדינתם היא היחידה שהצליחה לנצח את ארצות הברית. במוזיאון המלחמה בהו צ׳י מין סיטי מוצגים לראווה שלל מטוסים, טנקים אמריקאיים ועוד, שאנשי הווייטקונג[33] תפסו במלחמה. אחד האתרים המרשימים והמרתקים ביותר שביקרנו בהם היו מערות קוצ׳י – עיר תת קרקעית שבזמן מלחמת וייטנאם חפרו אותה כוחות הווייטקונג מתחת ליער לא רחוק מסייגון. הם חיו שם והיו מגיחים החוצה דרך הנהר, תוקפים את האמריקאים ונבלעים מהר במעמקי האדמה. האמריקאים לא יכלו למוצאם. רשת המערות והתעלות – הכוללת חדרי מגורים, חדרי אוכל, בתי חולים ועוד כשלוש וארבע קומות מתחת לאדמה – קיימת עד היום. סיירנו ממש בתוככי המערות. בין השאר ראינו את המלכודות הפשוטות אך המתוחכמות שהכינו אנשי הווייטקונג – בורות מוסווים שננעצו בתוכם שיפודים. הרבה חיילים אמריקאים מצאו את מותם באופן האכזרי הזה. המראה היה מגעיל אבל מעניין מאוד.

---

33 וייטקונג (בווייטנאמית, קומוניסטים וייטנאמים) הוא הכינוי האמריקאי לארגון ״החזית הלאומית לשחרור דרום וייטנאם״, שלחם יחד עם צפון וייטנאם נגד דרום וייטנאם ונגד הצבא האמריקאי במהלך מלחמת וייטנאם, במטרה לאחד את וייטנאם תחת שלטון קומוניסטי.

כשהסתובבנו בכפרים גילינו מדינה בעלת תרבות צרפתית חזקה
(וייטנאם הייתה מושבה צרפתית מאמצע המאה התשע-עשרה בערך
עד 1954). ברחובות מוכרים בגטים, ויש מאפיות ומסעדות צרפתיות.
במקומות רבים ראינו נערות צעירות רוכבות על אופניים בדרכן לבית
הספר, כשהן לבושות בשמלות לבנות, עטויות בכפפות לבנות וחבושות
בכובעים לבנים (גם אם יצאו מבקתת בוץ ורכבו בדרכים לא סלולות),
כיאה לגבירות פריזאיות.

בצפון וייטנאם היה לנו מדריך יוצא דופן שהתלווה לנהג ששכרנו.
הוא היה מורה לספרות בבית הספר ומומחה להיסטוריה של העלייה
השנייה לישראל. היה זה אירוע סוריאליסטי – לשבת על מרפסת של מלון
וייטנאמי עם משקה מקומי ביד ולשמוע מפיו סיפורים על החלוצים ועל
הציונות. העברנו כך ערבים שלמים. הוא היה מדריך כיפי מלא בסיפורים
מעניינים. טיילנו אתו במפרץ האלונג (בווייטנאמית: המקום שבו הדרקון
ירד למים). יש בו כשלושת-אלפים איים המזדקרים בצורות מופלאות מתוך
המים הכחלחלים-ירקרקים, וכמובן ביקרנו בעיר האנוי עצמה ובתיאטרון
בובות המים[34] המפורסם שלה: הבמה היא בריכת מים שבאמצעה פרגוד
ומאחוריו, בתוך המים, עומדים המפעילים ומניעים את הבובות באמצעות
מוטות במבוק ארוכים עם מערכת מנופים וחוטים שנמצאת מתחת למים,
כך שמלפנים רואים רק את בובות העץ המתנועעות.

בהאנוי יש לא מעט אזורים עניים. בתקופה ההיא היה נהוג שמשפחות
שבבעלותן עסק מתגוררות בו או מעליו. שלוש פעמים ביום אפשר לחזות
בהם מוציאים כיסאות קטנים מהחנות, יושבים בחוץ, אוכלים את הארוחה

---

34 תיאטרון בובות מים הוא אמנות וייטנאמית עתיקת יומין בת יותר מאלף שנה. בכל העולם
קיימים היום רק שני תיאטרוני בובות מים משמעותיים. האחד, הקטן יותר, נמצא בסייגון
והשני, הגדול והמפורסם יותר, תיאטרון "טאנג-לונג" נמצא בהאנוי. תיאטרון בובות
המים מציג סיפורי אגדות וייטנאמיות ומצגות מחיי היומיום בווייטנאם בטכניקה שונה
מזו של תיאטרון הבובות שאנו מכירים.

שלהם ליד החנות, גומרים, חוזרים פנימה לעבוד, ובלילה הם ישנים שם.

אזור מקסים נוסף שביקרנו בו היה הדלתא של נהר המקונג, מדרום להו צ'י מין סיטי – דלתא ענקית שיש בה יובלים רבים של הנהר וביניהם פזורים עיירות קטנות וכפרים מוקפים בשדות אורז, שווקים צפים ומטעים של כל סוגי הפירות הטרופיים שאפשר להעלות על הדעת. מדי פעם היינו עולים לאיזה אי ונפעמים מהכמות ומהעושר של הפירות.

לנפאל, היעד לטיולנו השני עם החברים, הגענו קצת לפני פסח. ההכנות לליל הסדר בשגרירות בקטמנדו היו בשיאן – סדר מסורתי לתרמילאים בהנהלת חב"ד. התגייסנו מיד לקילוף תפוחי אדמה ולבישול מרק ולכל מה שנדרש מאתנו. ליל הסדר עצמו היה חוויה יוצאת דופן. בחצר השגרירות הוקם אוהל שאורכו בין שלושים לארבעים מטר, עשרות שולחנות עמדו בתוכו וסביבם הסבו מאות אנשים, וכולם שרו ורקדו במפגן של שמחה ואחדות.

עוד חוויה נחמדה הייתה לנו בזמן ראפטינג באחד מהנהרות. המדריך המקומי שכיוון את הסירה פצח לפתע בשירת "אל המעיין". הוא כנראה השיט כבר הרבה ישראלים – כמובן ענינו אחריו בהתלהבות, כמו שצריך. מיד אחר כך התנגשנו בסלע ונפלנו ממש אל המעיין.

פוקארה, עיירה נפאלית לא גדולה על שפת אגם יפה, היא מרכז למטיילים לכיוון האנאפורנה.[35] ברחובותיה מופיעים בכל מקום שלטים בעברית, והתיירים העיקריים שם הם ישראלים. התיישבנו באחד מבתי הקפה ודיברנו עברית. פתאום בא המלצר, התבונן בי ושאל: "איפה היית בצבא? צנחנים או גולני 51?" כפי הנראה זה היה טקסט שהוא שמע רבות מהמטיילים ולמד לדקלם אותו.

אירוע משעשע נוסף התרחש בעת ביקור בחנות מזכרות שגבי ואני

---

35 אנאפורנה (Annapurna) הוא רכס פסגות בהרי ההימלאיה ואחד מאזורי התיירות העיקריים של נפאל.

נכנסנו אליה בפוקארה. הסתובבנו שם, ובעל החנות ניגש והתחיל לשוחח
אתנו. הוא היה ידידותי כמו רוב האנשים שפגשנו אותם: "מאיפה אתם?"
שאל. "מישראל," השבנו. הוא התבונן בנו ביסודיות ופסק: "אתם לא
מישראל, לא יכול להיות!" לקח לו זמן מה להסביר: "הישראלים הם
רק צעירים. אין ישראלים לא צעירים!" ואילו אנחנו כבר היינו מעל גיל
חמישים וחמש.

זו הייתה התקופה הארוכה ביותר ששהינו יחד כמשפחה מחוץ לישראל.
ההימצאות במקום אחר ובמציאות אחרת, השהייה יחד, הפנאי המשותף,
הרבה יותר מאשר בארץ, קיומם של טיולים ומפגשים חברתיים רבים – כל
אלה תרמו להידוק הקשרים, וזה היה נפלא.

ניצן למד באוניברסיטה המקומית וכפי שכבר הזכרתי, הייתה לו חברה
מקומית. כמה ימים אחרי שהוא הגיע לאוניברסיטה הוא קיבל מייל די
נועז: "שמי כך וכך. מצאת חן בעיניי. רוצה לפגוש אותך." הוא היה ילד
שסיים תיכון מוקדם במסלול מהיר והחל את לימודיו באוניברסיטה בגיל
שבע-עשרה. הוא נענה להודעה ופגש את שולחת המייל. מהר מאוד הם
נהיו חברים, ונשארו זוג כמעט שנתיים. בשלב מסוים התברר לנו שאמנם
היא גרה שם, אבל היא בת אחותו של סגן ראש ממשלת מדינה שכנה
שישראלים לא בדיוק מקובלים בה. הקשר הזה לא בא לידי ביטוי ממשי
בשום דבר ורק השאיר אותנו מעט מודאגים. אני עוד זוכר את יום הפרידה
שלהם – ניצן נשאר אתנו רק שנתיים. אחר כך חזר לישראל כדי להתגייס
לצבא – וחברתו ליוותה אותו לשדה, כולה דמעות.

שלוש שנים היינו בשליחות זו. ביקשו ממני להישאר עוד שנה, אך גבי
לא רצתה. ראינו את המזרח, הכרנו, חווינו ומיצינו. נוסף על כך הורינו כבר
הזדקנו. נדרשנו להיות יותר בקרבתם ולטפל בהם, וגם הצורך הזה סייע
להחלטתנו לחזור ארצה.

8.

הגנה אקטיבית

עם חזרתי ארצה, ב־1998, עמדו לפניי כמה אפשרויות.

לבסוף בחרתי בתפקיד מנהל פיתוח עסקי בתעשייה האווירית. זו הייתה פונקציית מַטֶה חדשה שאך זה הוקמה, ומטרותיה: חיפוש אחר שותפויות בינלאומיות ואחרות, חיפוש אחר פוטנציאל לקניית חברות, פוטנציאל לרכישת ידע דרוש וכדומה. היה זה מבצע של איש אחד שיש לו מזכירה לשירותו. למעשה בניתי את התפקיד. רשמתי כמה הצלחות – עסקתי הרבה בקישור בין התעשייה האווירית לבין הנהלת חברת "בואינג" בארצות הברית (קשר שניצלתי מאוחר יותר לייצור משותף של ה"חץ"). כמו כן הצלחתי ליצור שיתופי פעולה בפרויקטים בין התעשייה האווירית לבין כמה חברות קטנות, והיה גם מעין רומן בין התעשייה האווירית לרפא"ל שניסיתי להוביל אך לא בהצלחה יתרה, כי החשדנות ההדדית גברה על ההיגיון.

באופן כללי חשתי כי התפקיד לא ממש התאים לי מבחינת העניין שבו ואולי גם מבחינות אחרות. קושי נוסף שהתמודדתי עמו במהלך כהונתי הוא אי הטמעה מספקת של הפיתוח העסקי בתעשייה האווירית. בדרך כלל מנהלי המפעלים חשים, אולי בצדק, שהם יודעים טוב יותר מכל אחד אחר למה זקוק העסק שלהם. לכן לבעלי פונקציות מטה בחברה נותר בעיקר לפקח – ואני לא אוהב לפקח על מפעלים.

שירתי בתפקיד כשנה ולא ממש נהניתי ממנו. יום אחד הגיע טלפון

שבישר לי כי התפנתה משרת ראש "מנהלת חומה". נשאלתי אם אני רוצה בה והשבתי בחיוב. בסוף 1999 עזבתי את התעשייה האווירית ועברתי למשרד הביטחון.

מנהלת חומה 1999–2011

ההצעה למשרת ראש "מִנהלת חומה" הגיעה אליי מהאלוף (פרופסור) איציק בן־ישראל, ראש מפא"ת - אגף של משרד הביטחון ש"מנהלת חומה" כפופה לו. החלפתי בתפקיד את עוזי רובין,[36] שעזב כחצי שנה קודם לכן. חשבתי והרגשתי שהתפקיד מתאים לי - מדובר בפרויקט רב מפעלי ורב מערכתי, גדול בהרבה מכל מה שעשיתי בעבר. ידעתי שאוכל לתרום בו לפיתוחים עתידיים ולשיפור יכולות של חיל האוויר ושל מערך ההגנה.

המנהלת הוקמה ב־1991, אחרי מלחמת המפרץ, אז התחילו בפיתוח ה"חץ". "מנהלת חומה" אחראית למערכת נשק" חץ" ולמערכות נוספות הקשורות למיזמי ההגנה האקטיבית נגד טילים בליסטיים, ואחריותה זו כוללת פיתוח, הצטיידות, לוגיסטיקה ושיפורים. חשוב לי להבהיר מהי מערכת הגנה אקטיבית, שייעודה להגן על תושבי מדינת ישראל, וכיצד היא משתלבת בתפיסת הביטחון של מדינת ישראל.

תפיסת הביטחון וההגנה האקטיבית

הגנה אקטיבית היא היכולת להשמיד פיזית את הטילים התוקפים אותנו לפני פגיעתם בשטחנו. הרעיון המניע אותה הוא ליצור הגנה רב שכבתית שאינה רק שכבת מיגון, שהיא פסיבית מטבעה, דוגמת מקלט או חדר

---

36 עוזי רובין, נולד בתל אביב ב־1937, שימש ראש ראשון של "מנהלת חומה" והיה אחראי בין שאר תפקידיו לפיתוח משגר הלוויינים הישראלי שביט. הוא בעל תואר שני בהנדסה אווירונאוטית, נחשב למומחה עולמי בנושא הגנה נגד טילים, וזכה פעמיים בפרס ביטחון ישראל על חלקו בפיתוח מערכת הנשק "חץ" ועל חלקו בפיתוח משגר השביט.

מוגן,[37] אלא ליצור אמצעי שיכול לאתר את האיום בזמן ולהשמידו באופן אקטיבי. מערך ההגנה האקטיבית כולל תת מערכות שכל אחת מהן היא מערכת בפני עצמה, כמו למשל הטיל המיירט, אמצעי הגילוי והעקיבה ומערכת השליטה והבקרה – הכול משולב יחד. אנו נוהגים לקרוא למערכת מעין זו "System of Systems", כי כל אחד ממרכיביה הוא מערכת בפני עצמה ויכולתו המבצעית מושגת רק כאשר כל תתי המערכות משולבים יחדיו ועובדים בהרמוניה מלאה.

את תפיסת הביטחון של מדינת ישראל עיצב דוד בן גוריון, והיא מבוססת לפי הגדרתו על שלושה עמודי תווך:

התראה: היכולת לקבל מידע מודיעיני, לדעת מה קורה בצד השני כדי לקבל החלטות נכונות.

הרתעה: שהצד השני יחשוש ולא ירצה להילחם אתנו.

הכרעה: תקיפה עם כוחות שמכריעים את הצד השני – מערכי התקיפה של צה"ל ביבשה, באוויר ובים.

זו הייתה התפיסה בכל מלחמות ישראל. היא שלטה גם במלחמת לבנון הראשונה ב־1982.

אך בעקבות המלחמה ההיא, שחיל האוויר הסורי איבד בה תשעים ושניים מטוסים בקרבות האוויר, בעוד בצד הישראלי לא היו כלל אבדות, נוכחו הסורים שאין להם כל סיכוי מול חיל האוויר הישראלי. כתוצאה מכך וכדי להתגבר על הנחיתות שלהם מול חיל האוויר הישראלי, הם השקיעו בפיתוח של מערך תקיפה בליסטי (סקאדים, פאג'רים וכו').

מדינות ערב האחרות, עירק ואירן, החרו החזיקו אחרי הסורים והשקיעו את עיקר משאביהן בפיתוח יכולות של תקיפה עקיפה באמצעות טילים בליסטיים. הבעיה בהתמודדות עם טילים בליסטיים היא שללא הגנה

37 למערך ההגנה האקטיבית אפשר להוסיף את סעיף ההגנה הפסיבית – הגנת האוכלוסייה על ידי מקלטים והתנהגות זהירה. ואכן בעימותים בשנים האחרונות נראה היה כי הקמת פיקוד העורף ושיפור ההגנה הפסיבית הם בעלי משמעות גדולה מאוד.

אקטיבית ייעודית אי אפשר ליירט אותם, והמרב שאפשר לעשות הוא לקבל התראה עליהם.

במקביל להתפתחויות שצוינו לעיל, בשנות השמונים שרר עדיין מאזן אימה בין המעצמות (ארצות הברית וברית המועצות) – שברשות שתיהן היו טילים בליסטיים בעלי ראשי חץ גרעיניים. כל צד ידע שתקיפה שלו תביא תקיפה נגדית בעוצמה דומה. רק בתקופת הנשיא ריגן, ב־1983, החליטו האמריקאים לפתח מערכות הגנה בפני טילים כדי לשבור את מאזן האימה. הפיתוח הזה נקרא SDI (Stratrgic Defence Initiative) – יוזמת הגנה אסטרטגית. הם החלו להשקיע מיליארדים בפיתוח יכולות התמודדות מול הטילים הבליסטיים הסובייטיים (יש תיאוריה הגורסת שה־SDI גרם למפלת ברית המועצות, לאחר שנגררה למרוץ הפיתוח של הטילים והשקיעה בהם מעל לאמצעיה עד שהגיעה קריסה כלכלית).

במשך תקופה ארוכה הטילו ראשי מערכת הביטחון וצה"ל ספק בחשיבות של מערכות ההגנה האקטיבית. עד מלחמת המפרץ הראשונה, ב־1991, לא חשבו שהאיום הבליסטי יכול להזיק באופן מהותי, ולא הוקצו תקציבים משמעותיים עבורו. בעקבות הצעה אמריקאית שמדינות מערביות תצטרפנה ליוזמת ההגנה של הנשיא ריגן (SDI), חתם יצחק רבין, שר הביטחון ב־1986, על מזכר הבנה עם שר ההגנה האמריקאי קספר ויינברגר, וישראל הצטרפה ל־SDI. בתחילת הדרך הכוונה העיקרית של משרד הביטחון הייתה לתמוך בתעשיות בישראל בעזרת תקציבי SDI ולאפשר להן לפתח טכנולוגיות ומוצרים מתקדמים. במסגרת זו הציע מנהל מל"מ דאז, דב רביב, את קונספט טיל ה"חץ", ומערכת הביטחון בחרה בפתרון זה ודחתה פתרונות אחרים שהציעו תעשיות אחרות. גם האמריקאים השתכנעו בייחודיות של פתרון זה והיו מוכנים לממן פיתוח והוכחת יכולת של הטיל המוצע.

בשנת 1991, בעת מלחמת המפרץ הראשונה, שוגרו לעברנו סקאדים מעירק, ועדיין לא היה פתרון כנגדם. אמנם היה מודיעין, אך אי אפשר היה להפיק ממנו דבר ללא אמצעי הגנה מתאימים. שנים ספורות קודם לכן

הצטרפנו ל־SDI, ולאחר מלחמת המפרץ הראשונה כבר הכירו לחלוטין בעובדה שצריך להאיץ פיתוח של מערך הגנה נגד טילים. הדבר הראשון שהוחלט עליו היה לפתח את המערכת. מאוחר יותר התגבש לאטו הרעיון שצריך לחשוב מחדש על כל תפיסת הביטחון של ישראל.

בשנה שחוסל פרויקט הלביא (1987) עבדתי במבת בתפקיד סגן מנהל המפעל, וזכור לי שאחד הטיעונים של חיל האוויר בעד חיסול הפרויקט היה שהכסף נחוץ לדברים חשובים ממנו. בתוך מערכת הביטחון התחולל מאבק גדול בין המצדדים בעמדה שהחשוב ביותר הוא פיתוח יכולות הגנה שלא היו אז בכלל, לבין אחרים, ואני ביניהם, שאמרו שההגנה לא חשובה, והעיקר הוא לחזק את יכולות התקיפה.

"ההגנה הטובה ביותר היא ההתקפה" – האמירה הזו הייתה תמיד המוטו במערכת הביטחון. אני עצמי עדיין לא הבנתי אז את הקונספט של הגנה אקטיבית. לא הייתה לי אז הפרספקטיבה הנחוצה לכך. רק מאוחר יותר, כשנכנסתי לעובי הקורה, עברתי שינוי של מאה ושמונים מעלות בתפיסה שלי.

בקיץ 2004 הוקמה ועדה לבחינת תפיסת הביטחון ביוזמתו של שאול מופז, שר הביטחון דאז, בעצה אחת עם אריאל שרון, ראש הממשלה דאז. הוועדה, בראשות דן מרידור, הגישה את מסקנותיה בסוף אפריל 2006, ולפיהן תפיסת הביטחון צריכה להתבסס על ארבעה עמודי תווך במקום על שלושה. שלושת עמודי התווך שתפיסת הביטחון התבססה עליהן קודם לכן היו: התראה, הרתעה, הכרעה, ועמוד התווך שהתווסף הוא הגנה. מאז בעצם נכנס עניין ההגנה בדלת הראשית כשווה בין שווים, לא כעניין צדדי שאף אחד לא רצה להשקיע בו כסף.

הכל מתחיל בחשיבה

כשהגעתי ל"מנהלת חומה", כבר הוקמה סוללה אחת של ה"חץ" על בסיס הדגם הראשוני של הטיל. היא כללה מערך בסיסי לגילוי ולשליטה, וחיל האוויר התאמן עליה. זמן קצר לאחר מכן נערכו עוד כמה ניסויים

ובעקבותיהם הכריז חיל האוויר על סוללה אחת כמבצעית. הסוללה כללה מעט מאוד ציוד וכמות מזערית של טילי "חץ". זו הייתה ההתחלה. לא ממש היה ברור כיצד ממשיכים הלאה. היה צורך לבנות תוכנית ארוכת טווח למערכת נשק "חץ" בהתאם לאתגרים הצפויים.

בניית תוכנית ארוכת טווח מתחילה בצוותים שיושבים ומנסים לחזות מה יהיה בעוד עשר שנים (זה היה ב־2000, לכן החיזוי היה ל־2010) – אילו טילים יהיו לאירנים, אילו יהיו לסורים, מול אילו סוגים של איומים נצטרך להתמודד, ואילו שיפורים, תוספות ויכולות נוספות נדרשים בהתאם לכך במערכת נשק "חץ".

בשנת 2000, כשהתחלנו בחיזוי, היו הסקאדים האיום העיקרי, והטיל האירני שיאהב 3 החל לצוץ בזירה. רק באמצע שנות ה־2000 בעצם הופיעו טילים אירניים ארוכי טווח ומתוחכמים, ואז החלו האירנים להוות איום של ממש. את כל התרחישים האלה היינו צריכים לחזות מראש ולהתחיל לפתח אמצעים להתגברות עליהם (אגב, ב־2010 ראיתי שחלק גדול מאוד מהמציאות היה דומה מאוד לתחזית שלנו, ושמחתי שנערכנו בהתאם). בנינו תוכנית שלמה לשיפור המערכת בהיבטים שונים מבחינת ביצועים וגם מבחינת עלויות. העלויות היו גבוהות מאוד, וניסינו להוזיל אותן דרך השקעה במחקר ופיתוח. אך הצלחנו להוזיל רק בהיקף מוגבל.

אתגר הפיתוח של מערכת רב דיסציפלינרית – כמו מערכת נשק "חץ", המערבת מפעלים רבים – הוא תהליך מורכב ורב פנים. אם רוצים לשלוט בהשתלשלות העניינים, להבין את תהליכי הפיתוח ולקבל החלטות נבונות בצמתים משמעותיים, נדרשת השקעה ניהולית גדולה ביותר. עסקתי לא מעט בבקרת ההיבט ההנדסי והתוכניתי במפעלים המעורבים בפרויקטים – בתעשייה האווירית, במל"מ, באלתא, ב"תדיראן מערכות" שנמכרה אחר כך לאלביט, ואחר כך כשהתווספו פרויקטים אחרים – גם ברפא"ל, וזאת כדי למנוע טעויות ולנווט את תהליכי הפיתוח. לא מעט תשומת לב הוקדשה גם למפעלים שסיפקו תת מערכות בקבלנות משנה לתעשיות המובילות את הפרויקטים.

חלק משמעותי ביותר מתהליכי הניהול קשור לאנשים – הקשבה להם, הכוונת פעילותם, מתן משוב וקבלתו. אין כמו האנשים בשטח שיודעים בדיוק מה קורה ומה נדרש. לכן אחת המשימות החשובות היא לבחור את האנשים ולהוביל אותם. צוות הניהול של הפרויקט ב"מנהלת חומה" כלל כמה עשרות קצינים ומעט אזרחים. הקצינים מתחלפים כל שלוש שנים בערך, ואילו האזרחים הם עובדי משרד הביטחון שעוסקים בעיקר בחלק הכלכלי. יש גם אזרחים המכהנים כיועצים לקצינים במשימות ספציפיות. הם מבוגרים ובעלי ניסיון רב. חלקם נמצאים שם עד היום ולמעשה מייצגים את הזיכרון הקולקטיבי של המנהלת.

מימון ואמינות

היות שהאמריקאים מימנו חלק גדול מן התוכנית, פעלנו רבות מולם – ניהול משותף, דיווח על כל המתרחש ושיתופם ככל האפשר בפעילות בארץ. כבעלי המאה הם רצו כמובן להפיק את הלקחים מפיתוח ה"חץ" גם בשביל עצמם. האמריקאים אמנם כבר פיתחו מערכות משלהם להגנה מטילים, אבל הם נחלו כישלונות רבים יותר מאתנו למדו לא מעט מהניסויים שלנו ותיקנו אצלם. התהליך הזה היה חלק די מהותי מהעבודה המשותפת עמם.

כשהגעתי לתפקיד מנהל חומה בשנת 2000, המימון האמריקאי השנתי לתוכנית "חומה" עמד על 35 מיליון דולר. כשעזבתי, בשנת 2012, המימון היה קרוב ל־300 מיליון דולר ללא "כיפת ברזל". אחר כך התווסף עוד מימון עבורה. הגידול במימון הוא תוצאה של השקעת מאמצים אדירים בהסברה בקונגרס ובמשרד ההגנה האמריקאי. למעשה הצלחתי להגיע למצב שכאשר ניגשתי אל המנהלים של הסוכנות האמריקאית להגנה מטילים (ה־MDA) ואמרתי: "תשמעו, אני הולך לבקש בקונגרס ככה וככה כסף, ואני רוצה את התמיכה שלכם," הם תמיד אמרו "כן! אנחנו מבינים למה אתה צריך את זה – כן!"

תמיד הסברתי להם בפרוטרוט ובמדויק מהם הצרכים שלנו לשנה הבאה, מה אנחנו צריכים לעשות, מה חסר לנו לפיתוח ולייצור והם השתכנעו. אני זוכר היטב את המעמד שבו משה קרת, מנכ"ל התעשייה האווירית, קרא לי

כדי לשאול האם אני רוצה את התפקיד במדינה בדרום מזרח אסיה: "הדבר
היחיד שחשוב שם זה האמינות," הוא אמר, "אתה נראה לי אדם אמין, ואם
תצא לשם ותשרה עליהם אמינות, תצליח בתפקיד." הדבר נכון גם לגבי
האמריקאים. אם מישהו מנסה לרמות אותם – סופו מובטח. אסור לספר
להם ג'יבטים או להגזים. תמיד צריך לומר להם את האמת ובמדויק.

הקשבה היא חלק מהותי מהתהליך הנזכר לעיל – נפגשתי עם סנטורים,
עם עוזריהם ועם חברי קונגרס. שוחחתי אתם והקשבתי קשב רב לדבריהם.
ידעתי מה כואב להם ומה הם רוצים. היה סנטור אחד, למשל, שכל מה שעניין
אותו היה ליצור מקומות עבודה במדינה שלו. בהתחלה ייצרנו את טילי
ה"חץ" רק בארץ במימון ישראלי. אחר כך שכנעתי את בואינג שייכנסו אתנו
לייצור משותף – על ידי העברת חלק מהייצור אליהם. בדרך זו יכולנו לקבל
יותר כסף מהקונגרס, שיש לו אינטרס להגדיל את הייצור בארצות הברית.
גישה זו הצליחה מאוד באופן כללי, וגם באופן ספציפי לגבי אותו סנטור
ממדינת מיסיסיפי – הקמנו מפעל לייצור כלי מנועים רקטיים במפעל ישן
בתוך הג'ונגלים של מיסיסיפי. איכרים שקודם לכן גידלו עגבניות, הפכו
לטכנאים לייצור מכלים של מנועים רקטיים לטיל ה"חץ". זו הייתה גאווה
גדולה. חבר הקונגרס של המחוז בא לטקס הפתיחה של המפעל, ונישאו בו
הרבה נאומים נלהבים. הדוגמה הזו היא אחת מני רבות המאפיינת שיתוף
פעולה מוצלח בין שני הצדדים שנשען על הקשבה ועל אמינות.

ה"חץ" ממריא עם בואינג

בשנת 2002 התקבלה החלטה על ייצור חלקים מה"חץ" בארצות הברית.
בתחילה חברת בואינג לא התעניינה בכך. באותה שנה הצגנו את ה"חץ"
בסלון האווירי של פריז, וגם המנהלים של בואינג נכחו שם. ביקשתי
לקבוע פגישה עם שניים מהסמנכ"לים של החברה שהכרתי. סיפרתי
להם את סיפור ה"חץ", והסברתי שלדעתי כדאי לבואינג להיות שותפים
עם התעשייה האווירית בפרויקט הזה ושייצור בארצות הברית ייתן להם
קרדיט גם בארץ.

האנשים מבואינג ביקשו לעצמם זמן לחשוב, ואחרי כחודש הם אישרו לי שהם רוצים להתקדם לקראת הסכם וכבר מינו איש קשר לעניין. כך נוצרה השותפות. העברנו חלק גדול מהייצור לארצות הברית: הקמנו בהנטסוויל שבאלבמה מפעל לשילוב של חלקים של ה"חץ". בבואינג בדיוק התחילו אז לעבוד בשיטה של מפעל ללא נייר, והמפעל שלנו בהנטסוויל היה אחד הראשונים של בואינג שעבדו ללא נייר.

הייצור המשותף עם האמריקאים הוביל להרבה פעילויות ואתגרים. היה צורך לאתר את החברות האמריקאיות שמתאימות לשמש קבלניות משנה לייצור מכלולים שונים ולוודא שהן נמצאות במדינות ה"נכונות", כלומר במדינות שהסנטורים שלהן יתמכו בתוכניות שלנו, וזהו עניין לא טריוויאלי. כשסיכמנו משהו בהנטסוויל למשל, הובטחה לנו תמיכתם של חברי בית הנבחרים והסנטורים של אלבמה, שישבו בוועדות ה"נכונות" – הוועדות שקובעות את המדיניות ומקציבות את התקציב לנושאים השונים בבית הנבחרים ובקונגרס.

את הסודות והשיטות להשגת תקציבים למדתי דרך נספחי הקונגרס בשגרירות. הם עשו בשבילי חלק ניכר מן העבודה, וגם עזרו לי בפגישות ובכל התהליכים מול הקונגרס.

עבודתי כללה גם פן מדיני, לכן עבדתי בתיאום עם נספחי צה"ל ועם השגריר בוושינגטון. הוא היה מעודכן בכל התהליכים ושלבי העבודה, ונפגשתי אתו בכל גיחה שלי לעיר. במשך הזמן עבדתי עם כמה שגרירים, והם תמיד עמדו על המשמר – שמא נבקש תמיכה גדולה מדי. האמירה השגורה בפי כל אחד מהשגרירים הייתה, שבדיוק עכשיו לאמריקאים יש צרות כלכליות גדולות ואין להם כסף, ואילו אני הייתי מרגיע אותם שיהיה בסדר. לא נבקש יותר מדי ולא יגידו שהישראלים חמדנים.

הקשרים והידע שצברתי בארצות הברית עזרו לי גם להשיג תקציבים בארץ. כך למשל במימון פרויקט ה"חץ" – ההסכם בינינו לבין האמריקאים היה שחצי ממנו בא מהאמריקאים וחצי מישראל (מתקציב משרד הביטחון). אולם הלכנו למנהלי ה־MDA ואמרנו להם: "בסדר, נממן חצי בחצי,

אבל – אנחנו תורמים לפרויקט גם תרומה לא כספית, למשל בהעברת ידע לארצות הברית." בסופו של דבר, האמריקאים אכן הסכימו להכיר בחלק מהיקף המימון כתרומה שאינה כספית. בערך שני שלישים מהמימון לפרויקט ה"חץ" הגיע מארצות הברית וכשליש ממנו הגיע מישראל. בכל שנה הגדרנו סעיפים מסוימים כתרומה לא פיננסית שלנו לפרויקט, כמובן רק דברים אמיתיים.

System of Systems

מערכת נשק "חץ" היא פרויקט אופייני מאוד המגלם את המושג "System of Systems". במערכת זו יש הרבה אלמנטים שכל אחד מהם הוא מערכת בפני עצמה, וכל מערכת כזו בנויה מתת מערכות רבות משלה. כל אחד מהאלמנטים עובר תהליך פיתוח והוכחה בפני עצמו, ולאחר מכן תהליך של אינטגרציה עם האלמנטים האחרים וסדרה ארוכה של ניסויים להוכחת השילוב הכולל, עד לשלב של ניסויי ירי ויירוט מטרות, המהווים את נקודת השיא של ניסויי הוכחת המערכת.

פרויקט כזה מורכב מאוד לניהול, כיוון שכל אחד מהאלמנטים מפותח במפעל אחר, ומהנדסים שונים ובעלי חשיבה עצמאית אחראים לפיתוחו. תנאי בסיסי בניהול פרויקט מסוג זה הוא ראיית התמונה הכוללת, ומעשה המרכבה של האלמנטים השונים הוא אמנות של ממש – לגרום לזרימת המידע מאלמנט אחד למשנהו, לדאוג שהממשקים יפעלו כמו שצריך, שלבסוף תיעשה אינטגרציה בחיל האוויר והכול "ינגן" ללא חריקות, שלא יתרחשו תקלות גדולות מדי ושתמיד תהיה יכולת לזהות את התקלות, לתקן ולהחזיר לכשירות מבצעית מהר ככל האפשר.

ננסה להתייחס לאלמנט אחד מתוך מערכת נשק "חץ": הטיל עצמו. הטיל הוא מערכת גדולה שמכילה הרבה תת מערכות: מנועים, מערך אלקטרואופטי, מערכי ניהוג, מערכות בקרה והנחייה, ראש קרבי מיוחד ועוד. כל אחת מתת המערכות הללו היא מדיסציפלינה שונה, ולבסוף יש לחבר אותן יחד כדי שה"חץ" יפעל כראוי. וה"חץ" הוא כאמור רק אלמנט

אחד ממערכת הנשק כולה - נוסף עליו יש המשגר, המערך השולט בטיל בזמן ההכנה לשיגור, אמצעי גילוי עקיבה ותקשורת ומרכז שליטה ובקרה גדול שיושבים בו קציני חיל האוויר, עוקבים אחרי האיומים ומקבלים את ההחלטות נגד מי יורים ומתי.

אלמנט חשוב נוסף במערכת הוא מטרות לניסויים. את הניסויים מבצעים נגד מטרות שאינן טילים אמיתיים. לשם כך פיתחנו ברפא"ל מערך שלם של מטרות, שכולל כמה דורות: "אנקור שחור", "אנקור כחול" ועוד - טילים שמשוגרים ממטוס ומבצעים מסלול בליסטי, וכך מדמים את האיום.

כל המערך הזה על כל אחד מהאלמנטים המרכיבים אותו כולל מלבד החומרה גם מיליוני שורות של תוכנה. בתוך טיל ה"חץ" עצמו יש הרבה מחשבים. גם במערך השליטה והבקרה פועלים עשרות מחשבים, וכך גם במכ"מים נמצאים מחשבים ייחודיים. כל הלוגיקות הפנימיות, כל האמצעים שבתוך המערכת הזאת, המאפשרים לה לפעול באופן תקין ומתואם ולליירט את האיום הנכון, הם שהופכים אותה ל־"System of Systems".

ניסויי מערכת "חץ" בארץ

במשך תקופה ארוכה התקיימו בשדה הניסוי של חיל האוויר בפלמחים ניסויים מגוונים של טיל ה"חץ" המבצעי ("חץ 2") ושל מערכת הנשק השלמה. התהליך בוצע בהדרגה מהקל אל הכבד: החל מניסויי טיסה של הטיל בלבד לצורך איסוף מידע הנדסי והוכחת ביצועי תת מערכות שונות, וכלה בניסויים מערכתיים הכוללים מטרה המשוגרת מלב ים אל חופי מדינת ישראל ומערכת נשק המתפקדת בצורתה המבצעית - רוכשת את המטרה, עוקבת אחריה, מתכננת את היירוט ומשגרת את ה"חץ" לביצוע משימתו. בצורה כזו נבדקו והוכחו ביצועי המערכת בנקודות שונות של מעטפת היכולות שלה מול טילי מטרה שונים המייצגים איומים ספציפיים.

במפעל מל"מ התפתחה "תורת הניסויים" בעקבות ניסיון רב שנתי בביצוע ניסויים, ומטרותיה הן לוודא הסתברות גבוהה מאוד של הצלחה ולמצוא פתרון מהיר ויעיל לכל בעיה המתעוררת במהלך ההכנות.

ההכנות לניסוי מתחילות כחצי שנה לפני המועד המתוכנן לביצועו. ראשית כול, מתכננים את מסלולי הטיסה של המטרה ושל המיירט. לאחר מכן קובעים את תפיסת הבטיחות שתמומש בניסוי – מניעת סיכונים לתושבים ביישובי האזור, למתקנים רגישים הסמוכים לשדה הניסוי, לתנועה הימית ולתנועה האווירית במזרח הים התיכון וכו'. בהמשך מתחילים בתהליך אינטגרציה הדרגתי של כל אחד מהאלמנטים במערכת הנשק שישתתפו בניסוי כדי לוודא תקינות של כל אחד מהם ופעולה משולבת תקינה של כל המערכת.

כחודש לפני הניסוי מעבירים את המערכת לשדה הניסוי ומתחילים באינטגרציה נוספת של האלמנטים השונים וכן בבדיקות פרטניות של מערכת הנשק ושל השילוב עם אמצעי העקיבה והבקרה של שדה הניסוי. בתקופה זו מתבצעת סדרה ארוכה של "ריצות לבנות", שמתרגלים בהן את כל המערך ואת כל המפעילים, ועורכים בדיקות חוזרות פרטניות לטיל ולשאר חלקי המערך.

כמה ימים לפני הניסוי עורכים חזרה כללית במתכונת מלאה ובודקים שוב את המוכנות של כל מרכיב ומרכיב במערכת. במהלך ההכנות מתגלות לעתים בעיות בלתי צפויות. חלקן ניתנות לפתרון מהיר וחלקן דורשות תיקון מורכב וחזרה על חלק מההכנות לפי הצורך.

בתקופת ההכנות לניסוי למנהל הניסוי תפקיד חשוב ביותר. הוא מתמחה בעבודה זו, מנהל את ההכנות ומפקח על הביצוע בשטח בשבע עיניים. בתקופה זו גם צוות הפרויקט, הכולל עשרות רבות של אנשים מסורים, עובד יומם ולילה ומוודא את המוכנות לביצוע הניסוי. ההצלחה של הניסוי מותנית במידה רבה בערנות של האנשים האלה וביכולתם האישית.

המאמץ האדיר המושקע בתקופה זו מסתיים באירוע שנמשך חמש עד עשר דקות מרגע השיגור של טיל המטרה ועד ליירוטו על ידי מיירט ה"חץ". לשמחתי, הרוב המכריע של הניסויים מסתיים בהצלחה מלאה. שחרור הלחץ של הצוות מלווה בחיבוקים, בבקבוקי שמפניה ובמסירת הודעות משמחות להנהלת משרד הביטחון ולציבור דרך אמצעי התקשורת.

פרקטיקום

נהגנו לציין את תוצאות הניסויים בציור "סמיילים" - סמיילי חייכן היה סימן לניסוי מוצלח, סמיילי עצוב - לניסוי שנכשל, וסמיילי שווה נפש - ניסוי "על הגבול". היו לנו הרבה סמיילים כאלה. לשמחתי רובם חייכו - הרוב הגדול של הניסויים היה מוצלח. ב"חץ" היו אמנם כישלונות, בעיקר בתחילת הדרך, אך כשהגעתי לתפקיד, רובם כבר היו מאחורינו. עם זאת, באחד הניסויים שנערכו בארצות הברית גילינו שיש בעיה במערך שלנו אחרי שהמטרה שוגרה, וכבר אי אפשר היה לעצור את הניסוי - איבדנו את המטרה ולא ביצענו את הניסוי. מהכישלון הזה הפקנו לקחים רבים.

כישלון הוא חלק מהעשייה, ואני לא נוטה להתייחס אליו באופן קיצוני, אלא כהזדמנות לתיקון תקלות וליישום לקחים בהמשך הפיתוח, אך האמריקאים נוטים להתייחס לכישלון באופן שונה מאתנו. לדוגמה: הם פיתחו מערכת מקבילה ל"חץ" שנקראת תאאד (THAAD - Terminal High Altitude Area Defense). הפיתוח שלה החל כמה שנים לפני שהתחלנו בפיתוח ה"חץ" והסתיים כחמש־שש שנים אחרי שסיימנו לפתח את ה"חץ". כיום המערכת שלהם כבר מבצעית. בשנות השבעים הייתה להם סדרה של כישלונות בניסויי התאאד. כשחקרתי קצת את העניין התברר לי שרק המפעל, החברה וכמובן ראש הפרויקט, שהיה צריך לדעת הכול, ידעו מה נעשה בפרויקט, ואילו המזמין של הפרויקט לא ידע בדיוק מה נעשה בו. ברגע שהיה כישלון ראש הפרויקט פוטר וכל הניסיון שנצבר אבד יחד אתו. ראש הפרויקט שבא אחריו שגה שוב ופוטר בשל כך וחוזר חלילה. כך התרחשה סדרה של כישלונות צורבים שלא היו צריכים לקרות. זו נראית חוכמה בסיסית, אבל מתברר שלא כולם מבינים את חשיבותה.

ניסויים לאור זרקורים - נעשו בארץ הרבה מאוד ניסויים מול מטרות מסוגים שונים: מטרות שמדמות סקאד, מטרות שמדמות שיהאב ועוד. אמנם ההכנה לניסויים האלה תמיד ארוכה, והיו הרבה בעיות שצריך לפתור, אבל בדרך כלל הניסויים היו מוצלחים מאוד. רוב הפרויקטים שעבדתי בהם לאורך שנותיי בתעשייה - פרויקטים של מערכת הביטחון -

לא הגיעו לידיעת הציבור, ואילו ה"חץ" הגיע. יש הבדל אדיר בין המצבים האלה – כאשר מדובר בפרויקט שמגיע לידיעת הציבור, נפוצות שמועות לפני שנערך הניסוי. עיתונאים שומעים על כך ומתחילים לטלפן ולשאול: מה? מתי? איך? איפה? ואסור להגיד להם דבר. במקרה של ניסוי מוצלח מפרסמים הודעה, ואחריה מתחיל זרם של טלפונים מכל העיתונאים המתעניינים בנוגע לפרטים, והם מפרסמים כתבות גדולות. פעם השמועות כיכבו בעמודים הראשונים של העיתונים, אחר כך הצניעו אותן בעמודים פנימיים, ובזמן האחרון הפסיקו לכתוב עליהן. אולי המידע הזה התחיל לשעמם את הציבור.

לחשיפת הפרויקט לעיני הציבור יש משמעות. בזכותה התאפשר לנו להפיק סרט של ניסוי שהצליח, להציג אותו בפני חברי הקונגרס האמריקאי ובעקבות זאת לגייס מהם סיוע כספי על פי צרכינו. אחרי כל ניסוי שכזה, הייתי נוסע לוושינגטון, מסתובב בסנאט בגאווה גדולה, מראה להם את הסרט מהניסוי, מההצלחה ומפיצוץ המטרה. כל הצופים בסרט מחאו כפיים ואחר כך שאלו מהם הצרכים שלנו להמשך ושמחו לתמוך בהמשך הפרויקט.

באופן פרדוקסלי, בארץ תמיד היה קשה להשיג את הכסף הרבה יותר מאשר בארצות הברית. פעמים רבות היה עליי לבוא להנהלת משרד הביטחון או לצבא ולהגיד להם: "החלק האמריקאי כבר מובטח, עכשיו תתנו את שלכם." בדרך כלל כך הצלחתי לשכנע אותם וטוב שכך, כי למעשה זה עובד הפוך – האמריקאים לא יתרמו את הכסף שלהם ללא התרומה הכספית של ישראל.

9.

סדר קדימויות ומקורות מימון

"אם אין קמח אין תורה" – זו אִמרה שְׁכּוּחה יפה גם לנושא ההגנה האקטיבית. המאבק המתמיד, כל שנה מחדש, על תקציבים הוא נדבך מהותי ביצירת היכולות של ההגנה על מדינת ישראל.

במשך שנים רבות ניתנה בתקציב הביטחון של ישראל קדימות למערכות נשק התקפיות – מטוסים עבור חיל האוויר וטנקים ונגמ"שים עבור זרוע היבשה. להשקעה בהגנה לא נתנו עדיפות גבוהה. המצב הזה השתנה לאטו. בתחילת הקדנציה שלי ב"מנהלת חומה" עדיין היה קשה מאוד לשכנע את הנוגעים בדבר שצריך להשקיע כסף בהגנה. נדרשתי לפעול בתחכום, לעסוק רבות בהסברת הצרכים ולנצל בלית ברירה את שיתוף הפעולה עם האמריקאים, שכבר קיבלו החלטות לגבי תקצוב הפרויקט לשנה ההיא, מה שחייב להקצות תקציב מקביל בישראל.

עם הזמן, עוד ועוד בעלי תפקידים במערכת הביטחון הבינו את הצורך הגובר בפיתוח מערך הגנה. כך קרה באגף תכנון, במטה הכללי ובחיל האוויר, שבאופן מסורתי השקיעו בו במטוסים ולא במערכות הגנה נגד טילים. אחד השינויים הבולטים שהתחוללו בחיל האוויר היה הפיכת מערך הנ"מ למערך הגנה אווירית שבמרכזו הגנה מפני טילים. המבנה הארגוני, בחירת האנשים והקניית היכולות לצוותים המקצועיים נעו בהתאמה לכיוון זה. כיום מפקדי החיל וראשי המטה כבר מתייחסים לנושא ההגנה האווירית מפני טילים כאל מרכיב חשוב ומרכזי בתוך המערך הכולל של

חיל האוויר. גם באגף התכנון התרחש תהליך דומה שצבר תנופה בהדרגה, אבל שנים רבות המצב היה אחר.

בחלקה האחרון של הקדנציה של אהוד ברק כשר ביטחון - בשנים 2007-2012 - חל שינוי מהותי בגישה לפיתוח מערך הגנה רב־שכבתי נגד טילים. אהוד ברק היה בקיא בתחום. היה לו תפקיד מרכזי בהטמעת החשיבות של בניית מערך הגנה שכזה ובהנעת הצבא לכיוון הרצוי. עם זאת, עדיין לא היה פשוט לקבל תקציב לתחום הזה. לצבא יש הרבה צרכים אחרים, ובכל פעם שהגיעה העת לתכנון רב שנתי נדרשנו למצוא דרך כיצד להכניס את ההגנה האקטיבית למסגרת הקדימויות. שוב ושוב חזר על עצמו הריטואל שבו מקצצים בתקציב ואני, כתמיד, מנסה לשכנע להוסיף. היה קשה מאוד לעשות זאת. בדרך כלל הצלחתי, אך לא תמיד. לא אחת היה עליי לרתום את ראש מפא"ת ואת מנכ"ל משרד הביטחון שיעזרו לי. הצבא התנגד במשך שנים רבות להקצאת תקציבים להגנה האקטיבית. היו לו התחומים המסורתיים שהוא רצה להשקיע בהם, ולא קל היה לחולל את השינוי.

מימון בנוסח אמריקה

המסלול להשגת המימון האמריקאי לתוכניות ההגנה האקטיבית של ישראל עובר דרך הקונגרס ובמקביל דרך הממשל. בקונגרס יש ארבע ועדות שקובעות את התקציבים בכל שנה, שתיים בסנאט ושתיים בבית הנבחרים - לכל אחד מהגופים האלה יש ועדת הרשאות וועדת הקצבות. ועדת ההרשאות קובעת את המדיניות הכללית ואת הקדימויות, ואילו ועדת ההקצבות קובעת את הסכומים המוקצבים לכל מטלה.

שנת התקציב האמריקאית מתחילה ב־1 באוקטובר. בינואר או בפברואר באותה שנה מגיש הנשיא את התקציב שלו לשנה הבאה לאישור. מפברואר ועד יולי, ולעתים אף יותר מכך, דנים בקונגרס בצרכים ובתקציב, וזו התקופה שיש להשקיע מאמץ בהסברה כדי לשכנע את הסנטורים ואת חברי בית הנבחרים החברים בוועדות ההקצבות וההרשאות.

לאחר שהוועדות מסכמות את עמדתן, מעלים את הסיכומים בפני

מליאות בית הנבחרים והסנאט (בנפרד), ולבסוף מקיימים ישיבה מיוחדת לשם סיכום סופי של התקציב לשנה הבאה. מדובר, כמובן, בַתקציב הכולל של משרד ההגנה של ארצות הברית, שהחלק שמערכת ההגנה מטילים של ישראל תופסת בו הוא קטן מאוד, פחות ממאית האחוז. אבל עבורנו החלק הזה חשוב מאוד – אלה הכספים שמאפשרים לנו להקים את מערך ההגנה על ישראל. בשנה בת מזל התקציב מאושר עד אוגוסט־ספטמבר. לאחרונה, כשהסנאט בשליטה דמוקרטית ובית הנבחרים בשליטה רפובליקנית, יש חילוקי דעות רבים והוועדות מתקשות להגיע לסיכומים. כתוצאה מכך נגררים הדיונים חודשים רבים ולמעשה נמשכים עד התחלת אוקטובר, החודש שמתחילה בו שנת התקציב החדשה, ללא סיכום. כתוצאה מכך משתמשים בתקציב השנה הקודמת כרמת תקצוב זמנית חודש בחודשו ולא משנים את מסגרת התקציב עד שמגיעים להסכמה.

חלק גדול מהתהליכים המתרחשים בגבעת הקפיטול הבנתי ולמדתי מפי ד"ר אהרון מוס ז"ל, שייצג את צורכי משרד הביטחון בנושא הגנה מטילים בוושינגטון בתחילת הדרך והקים את תשתית היחסים וההיכרויות שעזרו לי בהמשך.

בדרך כלל שגריר ישראל בוושינגטון הוא האחראי לטיפול בכספים עבור מדינת ישראל. קיימתי מערכת יחסים טובה עם השגרירים בוושינגטון, והם הבינו את הצרכים שלנו להגנה מפני טילים ב"חומה", אף על פי שהיו, ועודם, מקפידים להיזהר בקשיי התקציב של האמריקאים ולא לבקש מהם יותר מדי. בכל פגישה שהתקיימה ביני ובין השגריר לחצו עליי להקטין את הבקשה. עם מייקל אורן, לדוגמה, קיימתי שיחות רבות, ודבריו תמיד היו בנוסח הזה: "למה אתה מבקש כל כך הרבה? למה הגדלת את הבקשה? צריך להנמיך את הציפייה. צריך להיזהר שהבקשה לא תגרום לנזקים ביחסים עם הממשל ותפגע בעניינים אחרים," וכן הלאה. אבל לשמחתי, בסופו של דבר השתכנע גם הוא לעזור לי (וכך גם קודמיו), אף על פי שלא הסכמתי לצמצם במשהו את הבקשות. מצדי, הקפדתי תמיד לנמק ולהבהיר היטב את הבקשות שהעליתי.

בענייני "מְנהלת חומה" עוסק באופן ספציפי איש משרד החוץ, חבר בצוות הציר לענייני הקונגרס בשגרירות. בעל התפקיד הוא בדרך כלל אחד מהצעירים המבריקים של משרד החוץ, והוא מוביל את הטיפול בנושאים הביטחוניים בקונגרס. שיתפתי פעולה עם כמה וכמה דורות של צעירים כאלה, והם תמיד עזרו מאוד בכל מה שניסיתי להשיג שם. במקביל, יש ל"מנהלת חומה" משרד בשגרירות, שם מוצב קצין (או מוצבת קצינה) בדרגת סגן אלוף שעובד/ת בשיתוף פעולה עם משרד החוץ כדי לארגן פגישות עם ועדות הקונגרס ולהשקיע מאמצים בהסברה ובשכנוע מולן.

בתקופת כהונתי כראש "מנהלת חומה" התקיים שיתוף פעולה מיטבי בינינו לבין הנספחים הצבאיים בוושינגטון לאורך כל הדרך. כמה נספחים צבאיים התחלפו, ועם כולם היו לי קשרים מצוינים. בכל אחד מביקוריי בארצות הברית נהגתי לקיים פגישת עבודה עם הנספח הצבאי, לעדכן אותו בסטטוס התוכניות בחומה, במה אנו מתמקדים עכשיו, לְמָה אנו זקוקים ובמה הוא יכול לעזור.

בכל שנה ביקרתי בוושינגטון לפחות פעמיים או שלוש ועסקתי בענייני מימון. בדרך כלל הגעתי לשם גם בפברואר לביקור עבודה של כמה ימים, עם פתיחת מסע השידולים התקציבי. הייתי יוצא ל"סיבוב הופעות" בין המשרדים בגבעת הקפיטול, כשאני חמוש בהרצאה הסוקרת את מצב האיומים על מדינת ישראל ואת הצרכים לשנה הבאה ונמשכת כעשר דקות, כמו גם במסמכים המגדירים במדויק את הצרכים הללו. בכל פעם שהתרחש ניסוי גדול ומוצלח במערכת ה"חץ", לקחתי אתי סרטון של הניסוי, נכס שסייע בידיי רבות.

יום בגבעת הקפיטול

בשמונה בבוקר יוצאים מהמלון ונוסעים לתחנת הרכבת ויקטוריה, שם משאירים את הרכב. אוכלים ארוחת בוקר בקפיטריה של התחנה, לרוב בחברת הציר לנושאים ביטחוניים בקונגרס, ומנצלים את הזמן לצורך התעדכנות. משמונה וחצי בערך ועד חמש־שש בערב – פגישות. כל חצי

שעה פגישה עם מישהו אחר – סנטורים או עוזרי סנטורים. לכל הסנטורים
יש עוזרים צעירים. בדרך כלל הם חכמים מאוד ובעלי ידע רב, וצריך, קודם
כול, לשכנע אותם כדי לשכנע אחר כך את הסנטורים, אותו הדבר עם חברי
בית הנבחרים. בשלושה ימים של ביקור בוושינגטון מקיימים בדרך כלל
בין עשרים לשלושים פגישות, עניין שמצריך דיוק, ריכוז ויכולת שכנוע
מיטביים. אלה ימים אינטנסיביים ומעייפים מאוד, אבל התרגלתי לכך
והאדרנלין השוצף היה לעזרי.

בבניין הקפיטול, שכיפתו גדולה, יושב רק חלק קטן מהסנטורים
הבכירים ביותר. שאר הסנטורים וחברי בית הנבחרים יושבים בשני גושי
בניינים – שלושה בנייני משרדים גדולים של הסנאט מצד אחד של
הקפיטול ושלושה בנייני משרדים גדולים של חברי בית הנבחרים מהצד
השני. בין הבניינים יש מרחק לא מבוטל. לעתים קיימתי פגישות לסירוגין
בשני הבתים. אם למשל הייתה לי פגישה עם אחד מהסנטורים בשעה
עשר, וברבע לאחת־עשרה פגישה עם חבר בית הנבחרים – הייתי צריך
לרוץ מבית אחד למשנהו בגשם או בחום הקיץ, כשאני מעונב בחליפה
ומטפטף כהוגן – העיקר להגיע בזמן לפגישות ולהעביר את המסרים.

היו לי גם פגישות אחרות, למשל עם נציגי התעשיות האמריקאיות
בקונגרס. פעמים רבות הייתי רץ הלוך ושוב בין חלקי הקונגרס, יוצא בצהריים
לפגישה במסעדה עם בעל תפקיד מחברת רייתיאון (שעבדה עם רפא"ל) או
מחברת בואינג (ששיתפה פעולה עם התעשייה האווירית) לשם תיאומים,
אחר כך חוזר לקונגרס, רץ שוב בין פגישות, ובערב – יוצא לארוחת ערב
עסקית עם מישהו נוסף. למזלי, האמריקאים אוהבים ארוחות ערב בשעות
מוקדמות, כך שאפשר היה לערוך את הפגישה בסביבות שש וחצי ובסביבות
תשע בערב כבר להשתרך למלון ולהזדחל למיטה בשארית הכוחות.

מסורת של שיתוף פעולה

בדרך כלל שרתה אווירה נינוחה בפגישות עם הסנטורים וחברי בית
הנבחרים. רבים מהם פרו ישראלים ונוטים באופן מסורתי לתמוך בישראל

בנושא הגנה נגד טילים. חלק מהפגישות נערכו במשרדיהם של הסנטורים,
משרדים מרשימים המציגים את המודעות הגבוהה של יושביהם לחשיבותם
הם ולכבוד המקום. קירות המשרדים עמוסים לעייפה במזכרות שונות
שנאספו במשך השנים. ברבים מהם יש תצלומים עם מנהיגים ישראלים
ואחרים ותמונות ופסלים המייצגים את מדינות המוצא של הסנטורים.

קרו מקרים שבהם נפגשתי עם סנטור זה או אחר ועוד לפני שהתחלתי
לשטוח את בקשתי, כבר היה הסנטור מבטיח לי כי ידאג שאקבל את
מבוקשי, עליי רק לציין כמה צריך. היו גם מקרים אחרים, כמו פגישה
שבה אמר לי חבר מכובד של בית הנבחרים: "תשמע, אתה רוצה כסף
עכשיו בשביל נושא מסוים, אבל לפני כך וכך שנים אמרו לי שלנושא זה
לא תבקשו אף פעם, אז איך אתה מבקש את זה עכשיו?" גם הפתעות מסוג
זה היו.

עם חברי הקונגרס שהיו אנטי ישראלים לא נפגשנו. לא היה בכך טעם.
עבודתנו הייתה לוודא שכל הפרו-ישראלים, אחוז גבוה מאוד מבין חברי
הקונגרס, יתמכו בנו. היינו מסבירים בעל פה את הצרכים שלנו ומשאירים
להם ניירות עבודה שהכילו את המספרים המדויקים ואת הרקע ההיסטורי
– כמה קיבלנו בפעם הקודמת, בשנים קודמות, מה הסכומים המצטברים
עד עכשיו, ולכמה אנחנו זקוקים לשנה הבאה.

במקרים מסוימים גיליתי, תוך כדי שיחות או מסעות שכנוע בעניין
ספציפי, כי בהסכמים רלוונטיים או בלשון החוק הוכנסו סעיפים בעייתיים
מבחינתנו. הקשרים שבניתי במשך השנים היו לעזרי – יכולתי להתקשר
לעוזרת בכירה של יושב ראש ועדת ההקצבות, למשל, ולהגיד לה: "תשמעי,
אני רואה שכך וכך קורה עכשיו ואלה הבעיות שלי. נסי לתקן את הניסוח
כך שזה לא יפגע בצרכים שלנו." כמעט תמיד הבקשה הזו הצליחה. בכלל,
היחסים עם העוזרים לראשי הוועדות, שהם למעשה אלה שכותבים את
החוקים עבור הוועדות, היו נעימים והדוקים מאוד. בסופו של דבר, אף על
פי שהשקענו מאמץ גדול בהסברה ובשכנוע, כל שנה מחדש, זה לא היה
קשה כל כך.

במהלך השנים נוכחתי לדעת שחלק מהאנשים שבאתי אתם בקשרי עבודה הם ידידי אמת של מדינת ישראל. דוגמה לקשר קרוב עם תומך נלהב במיוחד של ישראל, ממש יוצא דופן, היא הקשר עם מי שהיה יושב ראש ועדת ההקצבות של הסנאט, ידיד אמיתי שנפטר לאחרונה, סנטור אינווי[38] מהוואי. כשביקרו אצלו ישראלים בכירים הוא נהג לספר על חייו ועל הסיבה שהוא אוהב כל כך את ישראל.

סיפור חייו של סנטור אינווי מרתק - איש ממוצא יפני שגדל בהוואי. כאיש צעיר עבר את מלחמת העולם השנייה, ובזמן המתקפה היפנית על פרל הרבור הוכנס למחנה הסגר עם מקומיים נוספים ממוצא יפני מחשש שיצדדו ביפנים נגד האמריקאים. היחס הזה גרם לו סבל רב והטביע בו חותם. בהמשך התנדב אינווי לצבא האמריקאי כדי להפגין את הפטריוטיות שלו. הוא נלחם באירופה, נפצע (ונותר עם יד משותקת) וקיבל עיטור גבורה.

עד שנלחם באירופה, כמעט לא היה לסנטור אינווי קשר עם יהודים. לאחר שנפצע, אושפז בבית חולים ובמיטה השכנה לשלו שכב חייל יהודי פצוע. החייל סיפר לאינווי על השואה. הסיפורים של החייל על היחס ליהודים נגעו ללבו והזכירו לו את חוויותיו שלו כבן מיעוטים במלחמה. לאחר המלחמה הוא החל להתעניין ביהודים בשואה וכבכיר בסנאט האמריקאי, החליט לעזור ליהודים ולישראל ככל יכולתו. פעמים רבות הוא היה אומר לנו: "תגידו מה נדרש ואני אעזור כמיטב יכולתי." הוא ביקר הרבה בארץ, וראה את סוללות ה"חץ". היה לו חשוב שנצליח בפיתוח אמצעי הגנה. תמיד נזהרתי והקפדתי שכל דולר בבקשת הסיוע שלנו יהיה מנומק ברמה כזו שלא תהיה אפשרות לחשוד בניצול לרעה של הקשרים אתו ועם אחרים.

---

38 דניאל קן אינווי (Daniel Ken Inouye) 17.12.2012–7.9.1924, היה גיבור מלחמה אמריקאי שעוטר במדליית הכבוד על פועלו במלחמת העולם השנייה וסנטור אמריקאי שייצג את מדינת הוואי מטעם המפלגה הדמוקרטית. הוא נחשב לאחד מידידיה הבולטים של ישראל בסנאט.

סנטור אינווי היה אישיות ידועה, מוערכת וחכמה. כשפגשתי אותו לראשונה, כשהיה בן שמונים ויותר, הוא כבר לא היה במלוא אונו ולא ממש בריא, והיה מפציר בנו מדי פעם לחפש לו יורש...

אפשר להזכיר בהקשר זה גם את סנטור קוקרן ממדינת מיסיסיפי, מנהיג המיעוט הרפובליקני בוועדת ההקצבות, אחד הבולטים שבתומכינו. נוסף על התמיכה האידיאולוגית, לסנטור קוקרן היה חשוב מאוד ליצור מקומות עבודה במדינה שלו. ואכן, כאשר נוצרה הזדמנות מתאימה הקמנו שם מפעל - מהלך ששירת היטב את האינטרסים של שני הצדדים. לסנטור קוקרן היה עוזר יהודי אקטיבי מאוד, שהכיר את ישראל היטב.

בכל גיחה שלי לוושינגטון היו לי פגישות מרתקות עם אנשים שונים ברמה גבוהה מאוד. התרשמתי במיוחד מעוזרי הסנטורים. רבים מהם עברו לעבוד בהמשך דרכם בתפקידים שונים במשרד החוץ, ועם חלקם שמרתי על קשר בעקבות היחסים האישיים החמים שנוצרו בינינו. כשעזבתי את התפקיד נערכה לי מסיבה בוושינגטון, ורבים מהם באו להיפרד לשלום. זה היה מרגש מאוד.

הממשל

הנהלת הסוכנות האמריקאית להגנה נגד טילים (ה־MDA) הייתה גוף מרכזי בממשל שעבדנו אתו בנוגע למימון תוכניות ההגנה של ישראל. בכל ביקור שלי בוושינגטון הייתי נפגש עם מנהל ה־MDA או עם העוזרים הבכירים שלו ודן עמם בענייני הניסויים שערכנו יחד וגם בנוגע לתמיכה ולתקציבים של השנה הבאה. הממשל, וזאת עובדה ידועה, מקצה לפרויקטים הישראליים סכומים פחותים בהרבה מהנדרש, ולמעשה התקציב שמגישים לאישור של הנשיא אינו כולל את כל הסכום הכספי שאנחנו מבקשים. פעלנו בשיתוף פעולה הדוק עם חברי הנהלת ה־MDA, ותמיד יידענו אותם מה בדיוק אנו עומדים לבקש ולמה. באופן זה, כשפנו אליהם עוזרי הסנטורים או העוזרים של חברי בית הנבחרים כדי לקבל את הסכמתם לבקשותינו, הם יכלו להשיב שהם מכירים את הצרכים שלנו וחושבים שאנחנו באמת זקוקים לתמיכה.

לשמחתי לרוב תמכו ב־MDA בפעילויות שלנו וזכינו לסיוע רציני מהם, גם אם היה ברור שהתוספת שביקשנו תרד בחלקה מן התקציבים שלהם. פה ושם היו גם ויכוחים, אך לא יותר מדי. תמיד ביקשתי מהם שלא יגידו בקונגרס שייתנו לנו את הכסף, אלא רק שהם מכירים בצורך שלנו ויודעים שהוא קיים ולכן צריך את הכסף הזה.

כמו כן גם ליחסי הגומלין בינינו ובין ה־MDA ועם מחלקה שלהם שעוסקת בפרויקטים ישראליים (ה־ICPO - Israel Cooperative Projects Office) יש חשיבות מרובה. עובדי ה־ICPO שאפו תמיד למעורבות ממשית בפרויקטים, ואנחנו רצינו שירגישו מעורבים. עיקר תפקידם, עד שלב מסוים, היה בקרה על הפרויקטים הישראליים. העברנו להם דיווחים שוטפים על התקדמות הפרויקטים, והם נהגו לבוא לארץ ולבקר בתעשיות. ביצענו פעילות טכנית משותפת וכמה פעמים בשנה התקיימו מפגשי בקרה בתהליך IPR (In Progress Review), שבהם היינו מציגים בפניהם את כל הפרטים הטכניים הקשורים בפרויקטים בשיתוף התעשייה הישראלית הרלוונטית.

תפקיד נוסף של ה־ICPO הוא הפצת המידע המתקבל מאתנו ב־MDA, לפיתוח. מדובר בעיקר בתוצאות מעניינות של ניסויים, מידע על תכנון חדשני שיכול לשמש גם אותם וכל מידע אחר שיכול לעזור בפיתוח המערכות האמריקאיות במקרה הצורך. ההסכם בינינו לבין האמריקאים כולל הזרמת מידע מאתנו אליהם ולא להפך. אף על פי כן גם אנחנו נעזרנו בהם מדי פעם. כמה מהיועצים הטכניים של ה־ICPO פיתחו במשך השנים אכפתיות כלפי המערכות שלנו, ועזרו לנו כאשר ראו שביכולתם לעזור בעניין טכני כלשהו.

ראש ה־ICPO נחשב למקביל לראש "מנהלת חומה" הישראלי. עבדנו יחד ותמיד השתדלנו לשמור על הרמוניה ועל יחסי עבודה טובים מאוד. לראש ה־ICPO יש צוות גדול יותר מצוות חומה. כך עובדים האמריקאים, בצוותים גדולים ובתקציבים גדולים. אמנם התקציבים של ה־ICPO תלויים בתמיכה שאנו משיגים, כי הצוות שלהם ממומן מהכסף שמשיגים

עבור הפרויקטים שלנו בקונגרס, אך לשם הבנת הפרופורציות של כלל התקציבים שלהם ביחס לתמיכה בנו - די בהצגת הנתונים הבאים: בכל שנה קיבלנו מהאמריקאים בסביבות מאתיים מיליון דולר, ואילו התקציב של ה־MDA לכלל הפרויקטים נע בין שמונה לעשרה מיליארד דולר - כל הפעילות הישראלית הייתה כשני אחוזים וחצי מהתקציב שלהם.

את הניסויים שלנו בארצות הברית ניהלו אנשי ה־ICPO. הם היו אחראים לתיאום עם שדה הניסוי ועם משרד המטרות - ל־MDA יש משרד מטרות, שממנו סיפקו לנו מטרות שבדקנו מולן את המערכות שלנו. זו הייתה פונקציה טכנית ממשית, אבל המהות העיקרית של המחלקה נשארה ביורוקרטית במשך שנים עד שהחלטנו כי נדרשים ניסויים בארצות הברית, ואז עובדיה קיבלו סוף־סוף תפקיד "אמיתי" והיו מרוצים מאוד.

בתקופות שונות נעזרנו בגורמים נוספים בממשל, למשל בחשב משרד ההגנה, דב זקהיים, כלכלן יהודי חכם במיוחד ובעל עמדה חזקה בממשל. בשעתו הוא עסק בניתוח ובהסברה מדוע ישראל צריכה להפסיק לפתח את ה"לביא". יכולנו לבוא אליו לפגישה, לספר לו על צרכים מסוימים ולבקש סיוע. הוא היה בעד ישראל והייתה לנו גישה ישירה אליו, אך לא כך היה עם מי שהחליף אותו בתפקיד.

ביקרנו פעמים רבות במועצה לביטחון לאומי. היה חשוב לוודא שחבריה מודעים לחשיבות של מעשינו ומשוכנעים בה ושלא יפריעו. למשרדים אחרים ששייכים למשרד ההגנה האמריקאי הייתה גישה בעיקר לנספח הצבאי, ולטובת התוכניות שלנו הוא נהג לקיים שיחות עם אנשי מפתח בעמדות שונות.

בשעתו התיידדתי עם חברת בית נבחרים בכירה. בזמן כהונתה ניהלתי אִתה ויכוח גדול (אחד הבודדים שהיו לי אי פעם עם סנטור או עם חבר בית נבחרים) לגבי תוכנית מסוימת שלנו, ובעקבותיו היא השתכנעה לבסוף בצדקת דרכנו. גם מאוחר יותר, כאשר היא קיבלה תפקיד בכיר במשרד ההגנה, היו לנו עדיין קשרים חמים מאוד. בכל פעם שהגעתי לארצות הברית ביקרתי אצלה, ותמיד עדכנתי אותה לגבי התוכניות שלנו כדי לאמת שהן מקבלות תמיכה בממשל. תמיד תמכה ועזרה ככל יכולתה.

העברת הייצור לארצות הברית

בסביבות 2003-2002 רצינו להגביר את קצב הייצור של ה"חץ". עד אז לא קיבלנו תקציבים אמריקאיים לייצור אלא רק לפיתוח. ב־MDA עסקו ככלל רק בפיתוח. העזנו להתעניין בקונגרס מה אפשר לעשות כדי שהם יתמכו גם בייצור. הטיעון שלנו היה שעבודת הפיתוח שלנו חסרת ערך אם אין לנו מספיק כדורים (Bullets) וצריך לייצר כדורים בשביל הרובה.

בקונגרס השתכנעו. בין השורות אפשר היה להבין שהם ישמחו מאוד אם הייצור יכלול עבודה בארצות הברית. היה ברור שאם כך ייעשה, יקל עליהם להחליט ולהקצות כסף לייצור. אז התחיל למעשה הרומן, שכבר סיפרתי עליו, בינינו לבין בואינג. ערכנו תהליך מקיף של העברת ידע לחברות האמריקאיות בהובלת בואינג, ובמקומות שונים בארצות הברית הוקמו מפעלים קטנים שעסקו בתת מערכות של מערכת ה"חץ": במיסיסיפי (מדינתו של סנאטור קוקרן, שהזכרתי) הוקם מפעל לייצור מכלים של מנועים, ובהנטסוויל אלבמה, במפעל של בואינג, הוקם אזור ספציפי לייצור מרכיב די מרכזי ב"חץ".

הייצור בארצות הברית כפוף לנוהלי העבודה האמריקאיים, ולכן אורך בדרך כלל זמן רב יותר וגם עולה יותר מאשר בארץ – זהו המחיר שצריך לשלם כדי לקבל כסף. בפעם ההיא, בכל זאת התהליך היה מהיר באופן יחסי, וצוות מקצועי ומיומן הוביל אותו ביעילות. תוך שנתיים התחלנו לקבל חלקי טילים, וב־2006 כבר סיפקנו לחיל האוויר טילי "חץ" שחלקם נבנו בארצות הברית וחלקם בארץ. בהתחלה היו קצת בעיות. פה ושם היו גם כישלונות, נשלחו אלינו חלקים פגומים, והיו תת מערכות של יצרנים שנכשלו בייצור ולא רצו להכיר בעובדה שנכשלו, אבל בסך הכול שיתוף הפעולה היה מוצלח.

כשהגעתי לראשות "מנהלת חומה", בתחילת שנת 2000, היה לחיל האוויר מספר קטן, באופן יחסי להיום, של טילי "חץ". אחר כך נוספו לא מעט טילים שהגיעו מייצור ישראלי של התעשייה האווירית. בהמשך סופקה לחיל האוויר כמות נוספת של טילים שיוצרה יחד עם בואינג, ולבסוף קיבל

חיל האוויר את כל הכמות שהוא הגדיר כרצויה, וזאת במימון משותף –
שני שלישים ממנו אמריקאי מארצות הברית ושליש ממנו מישראל. מובן
שלייצור נדרש יותר כסף מפיתוח כך שסך כל הסיוע האמריקאי לטובת
תוכניות חומה הלך וגדל במשך השנים. מאוחר יותר הייתי גאה להגיד
לאמריקאים: "הנה, גמרנו את הייצור. עכשיו אנחנו מורידים את בקשת
התקציב לצורכי ייצור ואפשר להתחיל בתוכניות חדשות של פיתוח."

.10

הרחבת יכולות – הגנה רב־שכבתית

בתחילת שנות האלפיים חלו שתי התפתחויות מובהקות ומשמעותיות שהשפיעו על ישראל ודרשו מאתנו, ב"מנהלת חומה", להיערך לקראתן. האחת: כמויות הרקטות בארצות השכנות לישראל – החִזבאללה בלבנון, סוריה ורצועת עזה – גדלו בצורה ניכרת ומתמידה, והשנייה: באירן פותחו דורות חדשים של טילי קרקע־קרקע משוכללים שאִפשרו לשגר אותם לישראל מנקודות שונות ברחבי אירן.

ב"מנהלת חומה" השקענו רבות בחיזוי. כשנתיים לפני מלחמת לבנון השנייה כבר הזהרנו שהרקטות של חיזבאללה הן בעיה שצריך להיערך לקראתה. בצה"ל חשבו שזו לא בעיה גדולה. אנשי צבא נוטים בדרך כלל לשפר את היכולת לנצח במלחמה הקודמת במקום לחשוב על המלחמה הבאה. שנים אחרי מלחמת יום כיפור, לדוגמה, המשיכו לפתח את אוגדות השריון ולהשקיע בהן הון עתק, אף שדי מהר היה ברור כי מלחמות השריון הן כבר לא מה שהיו פעם. בישראל של תחילת שנות ה־2000, עדיין לא הופנמה ההבנה שהמלחמה עוברת לעורף. רק אחרי מלחמת לבנון השנייה, ב־2006, הבינו במערכת הביטחון שצריך מערך מקיף להגנה מאיומים ושכולל גם הגנה אקטיבית.

באירן שִכללו את טיל ה"שיהאב" המקורי, טיל לטווח בינוני, ל"שיהאב" ארוך טווח שביכולתו להגיע למרחק של קרוב לאלפיים קילומטר. לאירן היו טילים נוספים: טילי "אשורה" – שיש להם מנועים הפועלים על דלק

מוצק ועוברים את טווח האלפיים קילומטר, והפעלתם פשוטה וקצרה בהרבה משל טילים הפועלים על דלק נוזלי – וגם טילים נוספים שנקנו בצפון קוריאה, BM25, בעלי טווח של 2,500 קילומטר ויותר.

האירנים ממשיכים לפתח כל העת את היכולת הגרעינית שלהם. הצירוף של יכולת גרעינית עם טילאות ארוכת טווח עלול להיות הרסני. מערכת נשק "חץ" הבסיסית פותחה נגד איומים קונבנציונליים, ובמשך כל השנים הרחבנו ושיפרנו את יכולותיה כנגד איומים ארוכי טווח אך עדיין קונבנציונליים. כנגד איום לא קונבנציונלי נדרשה חשיבה חדשה. נדרש עיבוי של ההגנה, שיהיו כמה הזדמנויות יירוט, שסך כל ההסתברות לחיסול הטיל התוקף תהיה הרבה יותר גבוהה מההסתברות לחיסול כאשר יש שכבה אחת של הגנה. ההנחות הללו שימשו בסיס להגדרת הצורך של "חץ 3".

למעשה התהוו שני מוקדים של איומים. כראש חומה נדרשתי ליזום פיתוח של מערכות שיכולות להתמודד עם האיומים האלה. נגד הרקטות הכבדות יזמתי את פרויקט "שרביט קסמים" ב־2004, וכנגד הטילים ארוכי הטווח האירניים בעלי הפוטנציאל הגרעיני – את "חץ 3".

שרביט קסמים

ב־2004, בזמן שקיימנו את הסדרה הראשונה של ניסויים במערכת נשק "חץ" בארצות הברית, פגשתי את ראש ה־MDA. תוך כדי המתנה לניסוי מסוים שוחחנו ואתגרתי אותו בשאלה זו: "אתה חושב של־MDA יש מנדט לטפל גם ברקטות ארטילריות, שהן איום קצר טווח, או רק בטילים ארוכי טווח?"

לא הייתה לו תשובה לכך באותו הזמן. ביקשתי שישקול שיתוף פעולה אתנו בפיתוח מערך הגנה נגד רקטות. לאחר חודשיים בערך הוא חזר אליי ואמר שהמנדט שלו עמום במידה מספקת כדי שיוכל לענות בחיוב על שאלתי.

בעקבות תמיכתו של ראש ה־MDA, הצלחתי לשכנע גם את חברי הקונגרס שצריך להתגונן בפני האיום הזה. אחרי שהשגתי אישור

מהקונגרס האמריקאי, הצלחתי לשכנע את משרד הביטחון שגם מדינת ישראל תקצה לכך תקציב. במהלך 2005, כשנה בערך אחרי שהתחלנו לטפל בצורך בהגנה אקטיבית מפני רקטות לסוגיהן וכשנה לפני מלחמת לבנון השנייה, הצלחנו לשכנע את מערכת הביטחון שכדאי לנסות ולפתח מערכת שתהיה מיועדת להגנה מרקטות, בעיקר מרקטות כבדות. מפעל מל"מ של התעשייה האווירית, שעסק שנים רבות בהגנה מפני טילים, היה מועמד טבעי לפיתוח המערכת. לרפא"ל, לעומת זאת, היו הרבה נכסים בתחומים משיקים, בהגנה אווירית, באוויר־אוויר וכיוצא בזה. החלטנו שכדאי לצאת למכרז ולראות מה כל אחת מהחברות תציע. כך החל פרויקט "שרביט קסמים".

המכרז לפרויקט ארך יותר מחצי שנה. למשרד הביטחון יש תהליכים מסודרים מאוד בענייני מכרזים – קריטריונים נקבעים מראש ומובאים לידיעת התעשיות המתחרות, מוציאים מסמך של אפיון הדרישה ואחר כך מחכים להצעות. כל מי שניגש למכרז מתחייב שיעשה את הנדרש על הצד הטוב ביותר, אם רק יבחרו בו. כמה שנים קודם לכן, כשעבדתי בתעשייה האווירית, עשיתי בדיוק אותו הדבר, אך הפעם הייתי לקוח, בצד של משרד הביטחון.

הודענו לחברות המתמודדות שכל אחת מהן צריכה לבחור לעצמה שותף אמריקאי (היות שדובר על פרויקט במימון משותף עם האמריקאים, הפיתוח ייעשה בהובלה של החברה הישראלית ובשותפות עם החברה האמריקאית). התעשייה האווירית הגישה את ההצעה שלה יחד עם בואינג, ואילו רפא"ל התחברו עם רייתיאון (Raytheon).[39] בעוד ההצעה של התעשייה האווירית הייתה טובה יותר מבחינה כספית, להצעה שהגישה רפא"ל היו יתרונות רבים מבחינת ביצועים ויכולות והייתה לה עליונות טכנית. היתרון הטכני היה בולט מאוד בהצעה של רפא"ל, ומכל השקלולים שעשינו עלה בבירור שההצעה שלהם טובה יותר מהאחרת ומן הראוי לבחור בה.

39 רייתיאון (Raytheon), חברה אמריקאית לייצור מוצרים צבאיים, מן הגדולות בעולם.

פרויקט "שרביט קסמים" הוא הראשון שהשתתפו בו החברות האמריקאיות גם בשלב הפיתוח (ב"חץ 2", חברת בואינג החלה לפעול רק בשלב הייצור. שרטוטי ייצור הועברו לארצות הברית ושם בוצעו). חלקים מסוימים פותחו בארצות הברית באחריות רייתיאון. שיתוף פעולה בפיתוח מעבר לים איננו קל, וחשוף לאי־הבנות ולהתארכות לוח הזמנים, אבל המימון האמריקאי הוא שמאפשר את הפרויקט.

הזכייה במכרז של "שרביט קסמים" גרמה גם לשינוי ברפא"ל – העיסוק בטילי אוויר־אוויר היה מרכזי ברפא"ל במשך שנים רבות. בחטיבת הטילים שלהם היו מנהלת אוויר־אוויר וגם פרויקט ייצוא של מערכת נ"מ. עם הזכייה במכרז הפרויקטים המרכזיים שלהם עסקו בהגנה מרקטות, ואילו תחום האוויר־אוויר הפך להיות משני. אותה מְנהלת נותרה על כנה ואותם אנשים עסקו בפרויקט. הצוות הטכני המצוין שקיים ברפא"ל, כמו בתעשייה האווירית, נכנס בעובי הקורה, והפרויקט עשה את צעדיו הראשונים ב־2006.

כיפת ברזל

אחרי מלחמת לבנון השנייה התעצמה ההבנה כי נדרשת הגנה מאיומים בליסטיים קצרי טווח יחסית. שר הביטחון דאז, עמיר פרץ, החליט שיש צורך בפתרון נוסף להגנה כנגד רקטות מלבד זה של "שרביט קסמים" ושיהיה פשוט, מהיר וזול. "שרביט קסמים", שהיה מיועד להגנה מרקטות כבדות ומטילי שיוט[40] (איום נוסף שעתיד להופיע בצורה כזו או אחרת באזור שלנו), היה אז בתחילת דרכו מבחינת פיתוח וגם לא היה זול במיוחד, אמנם זול בהרבה מה"חץ" אבל לא זול כמו הרקטות הפשוטות יותר שהופעלו במלחמת לבנון השנייה.

---

40 טילי שיוט הם בעצם מטוסים הנשלטים מרחוק או בעלי מנגנון שליטה עצמית המונחים על ידי מערכות הנחיה מובנות או חיישנים ומסוגלים לטוס בקרבת הקרקע. הם נושאים ראש קרב, מטען נפץ רגיל או גרעיני, גדול לטווח ארוך (מאות ק"מ ויותר), ומסוגלים לפגוע במטרה ברמת דיוק גבוהה ביותר.

בעקבות ההחלטה הוקמה ב־2007 במפא"ת ועדת נגל, על שם סגן ראש מפא"ת, יעקב נגל, ותפקידה היה למצוא פתרון להגנה מרקטות קצרות טווח. בין האפשרויות הרבות שהועלו בפני הוועדה נותרו לבסוף שתיים – אחת טילית, שהפכה בסופו של דבר ל"כיפת ברזל", והשנייה, מערכת נשק לייזר רבת עוצמה שהתבססה על פרויקט "נאוטילוס".

לפני מלחמת לבנון הראשונה הייתה תקופה ארוכה של ירי קטיושות וגראדים על קריית שמונה. לא היו אז בנמצא פתרונות של הגנה כנגדם ומאוחר יותר פרצה המלחמה. על רקע זה חתמו ב־1996 ראש הממשלה ושר הביטחון דאז, שמעון פרס והנשיא האמריקאי ביל קלינטון על הסכם שמטרתו פיתוח משותף של מערכת הגנה אקטיבית נגד רקטות. על פי ההסכם המערכת הזו תתבסס על נשק לייזר רב עוצמה שיֵדע לעקוב אחרי רקטות, לשגר קרן לייזר ולפוצץ אותן. שמו של הפרויקט "נאוטילוס", והייתה לו בארץ מִנהלת נפרדת מ"מנהלת חומה".

חברת TRW האמריקאית עסקה בפיתוח נשק הלייזר. זה היה לייזר כימי כבד ומגושם מאוד שגודלו כגודל מגרש כדורגל, ובו מכשירים רבים מאוד לשם יצירת קרן הלייזר. (יש סוגי לייזר שונים שתהליך הלזירה (יצירת קרן לייזר) שלהם מופעל על ידי תיווך פעיל שונה, כמו גז, מוצק או כימי). עיקרו של המימון היה אמריקאי, אך גם מדינת ישראל השקיעה מעט כדי להפוך את הלייזר הזה לנשק. לשם כך פותחו מכוון אלומה ומערכות לעקיבה אחר הרקטות. כמו כן נבנה מערך שלם בוויט סנדס (White Sands), שדה ניסוי אמריקאי בניו מקסיקו, שם נערכו ניסיונות ליירוט גראדים על ידי קרן לייזר עם מכוון אופטי.

בתום הניסויים התעתדה מערכת הלייזר להפוך למערכת נשק, אך בשלב ההוא היא דמתה לבית חרושת ענק ללייזר הרבה יותר מאשר לנשק, והיו בה הרבה בעיות – הלייזר ממש לא היה אמין ויעיל. לא אחת היה צריך להמתין בעת הניסויים עד שיפעל ורק אחר כך לשגר את הרקטות. אבל אי אפשר להתכחש לכך שהייתה הצלחה ביירוט רקטות – הישג משמעותי מאוד.

השלב הבא בתהליך, לאחר ההצלחה המסוימת בשלב הניסוי, היה אמור להיות הפיכת ה"נאוטילוס" לנשק על ידי הקטנתו. למעשה הוצע אז פרויקט בשם Mobile Tactical High Energy Lazer - MTHEL, שהיה מאפשר לנייד את המערכת ולהעלות אותה על כמה משאיות (כשלוש בערך) בהשוואה לשדה מלא מכשירים לשם הפקת הלזירה, כפי שהיה עד אז.

ועדת נגל פסלה את המערכת ההיא בשל מגושמותה וההשקעה הגדולה מאוד שהייתה נחוצה לשם הפיכתה לניידת. בעיה נוספת ואינהרנטית ללייזר - לייזר לא עובר דרך עננים. ברגע שיש עננות אי אפשר להשתמש בו, וגם המגבלה הזו הכריעה לטובת מערכת טילית שעובדת בכל מזג אוויר. בהשוואה בין שתי המערכות היו גם גורמים נוספים שהכריעו לטובת "כיפת ברזל".

פרויקט "נאוטילוס" החל בקול תרועה רמה, עם חתימת הסכם בין ראש ממשלת ישראל לבין נשיא ארצות הברית, ונגמר בקול ענות חלושה. עם זאת, הדיו נשמעו עוד זמן רב. במשך לא מעט שנים הושמעו השמצות חריפות ובלתי פוסקות כאילו משרד הביטחון בחר בחברת רפא"ל כי היא המועדפת בעיניו ועוד הבלים כמו אלה. לחצים כבדים ביותר הופעלו על מערכת הביטחון, בין השאר על ידי החברות האמריקאיות שעמדו מאחורי פרויקט "נאוטילוס" והיה להן אינטרס בקיומו. ראש מפא"ת דאז, שמוליק קרן, ונגל סגנו זכו לביקורת נוקבת מהעיתונים - איך הם מעזים לשלול פתרון נפלא כזה, שהוכח בשדה ניסוי בארצות הברית, ובמקומו ממציאים את השטות שנקראת "כיפת ברזל". אנשים נכבדים מאוד (שלא בהכרח הבינו את הפרטים הטכניים) ניסו לשכנע את שר הביטחון שעדיף לבחור בלייזר. שר הביטחון הדף את המתקפה בנחישות וכמוהו גם ראש מפא"ת ומנכ"ל משרד הביטחון, אך זו הייתה תקופה מאוד לא נעימה שכללה לחצים מטורפים ובשלב מסוים ב־2007 הפיתוח של "כיפת ברזל" אף נעצר, כיוון שפוליטית נוצר מצב בלתי אפשרי.

בסופו של דבר נמשך הפיתוח של "כיפת ברזל". אבל עד היום, למרות הצלחותיה המוכחות, יש החושבים שזו הייתה טעות, והיה צריך לבחור

בלייזר. כיום עובדים על לייזרים קטנים וקומפקטיים במצב מוצק, ואולי בעתיד יהיה גם לייזר בתמונת מערך ההגנה שלנו.

פרויקט "כיפת ברזל" פותח בנפרד משאר הפרויקטים של "מנהלת חומה", במסגרת היחידה למו"פ של משרד הביטחון, במימון ישראלי וללא השתתפות אמריקאית. עם זאת, כל הלקחים והתהליכים שפותחו עבור ה"חץ" נלמדו ונתנו עליהם את הדעת בפיתוח "כיפת ברזל" ויכולותיה. הצלחתו של הפרויקט הייתה יוצאת דופן בהגנה על חייהם של אזרחי המדינה מתקיפות של רקטות החמאס מרצועת עזה הן במבצע עמוד ענן בנובמבר 2012 והן במבצע צוק איתן ביולי 2014 וביניהם. אין ספק שהיכולת ליירט בהצלחה כמעט את כל הרקטות המאיימות משנה לחלוטין את רמת האיום ומוכיחה עד כמה ההגנה האקטיבית תורמת לביטחון המדינה. הסוללות הראשונות של "כיפת ברזל" יוצרו במימון ישראלי בלבד, ובהמשך, עם ההכרה בחשיבות המערכת הזו, הצטרפו האמריקאים ומימנו את ההצטיידות בסוללות נוספות בהיקף משמעותי. כמו כן, סמוך לפרישתי מתפקיד ראש "מנהלת חומה" עבר הפרויקט לאחריות "מנהלת חומה", והיום הוא אחד הפרויקטים המנוהלים על ידי המנהלת.

אחרי הזכייה של רפא"ל במכרז השני, היו למעשה שני פרויקטים גדולים שהובילה רפא"ל בתחום יירוט רקטות קצרות טווח וגם ארוכות טווח: הראשון – "כיפת ברזל", כבר מזמן מבצעי והוכיח את עצמו, והשני – "שרביט קסמים", שעדיין בפיתוח, מורכב בהרבה ועוד יצטרך להוכיח את עצמו. הוא צפוי להיות מבצעי בעתיד הקרוב.

לידתו של "חץ 3" וההגנה הרב־שכבתית

ב־2006–2007 בערך (במקביל לתקופה של התחלת פיתוח "שרביט קסמים" ו"כיפת ברזל"), גדלה המודעות לפוטנציאל של האיומים ארוכי הטווח ולסכנות הנובעות מראשי הקרב השונים שהטילים האלה יכולים לשאת. היה ברור לנו, אנשי ההגנה האקטיבית, שיש לפתח מערכת שתאפשר הסתברות גבוהה מאוד ליירוט של האיומים האלה. על בסיס זה יש ליצור

שכבת הגנה עליונה מעל ה"חץ" הקיים ("חץ 2", שהיה אז מבצעי יותר משתיים־עשרה שנה) בגובה רב, בטווח גדול וביכולת לגלות את האיומים כבר כשהם יוצאים מארץ אויב. מיירטים בעלי טווח ארוך ינסו ליירט את האיום מחוץ לאטמוספרה ובטווח גדול, ואחר כך יהיה מספיק זמן כדי לבצע "Kill Assessment" – הערכה שנעשית כדי לדעת אם הצלחנו או לא הצלחנו. אם לא הצלחנו – תהיה לנו עוד הזדמנות ועוד אחת ועוד אחת. כך בעצם נוצרה הקונספציה שאנו קוראים לה היום "הגנה רב שכבתית". שר הביטחון דאז, אהוד ברק, התלהב מאוד מהתפיסה הזו. למעשה הוא דיבר על ארבע שכבות של הגנה: "חץ 3", "חץ 2", "שרביט קסמים" ו"כיפת ברזל".

את הקונספט של "חץ 3" פיתחנו יחד עם צוות של התעשייה האווירית. הרעיון של המערכת הזו היה לשמור על יכולות מערכת הנשק "חץ 2" הקיימת, להרחיב את היכולת של אמצעי הגילוי לטווחים ארוכים ולהוסיף מיירט חדש, "חץ 3", שיאפשר הרחבת הביצועים כנדרש מול האיום הגרעיני. על בסיס זה הצלחנו לשכנע את הגורמים הרלוונטיים בארץ וגם בארצות הברית שאנחנו זקוקים להגנה לטווחים ארוכים יותר – לשכבה עליונה.

האמריקאים, שכבר פיתחו מערכות דומות, ניסו לשווק לנו קודם כול את המערכות שלהם במקום "חץ 3", בטענה שאין צורך בפיתוח ישראלי אם אפשר לקנות מערכת מוכנה מתוצרתם. מסיבות של ביטחון שדה, הם לא חשפו את התכונות ואת היכולות של המערכות שלהם, ורק אמרו: "זה בסדר, יהיה בסדר, תשתמשו בזה, זה יגן עליכם."

שני סוגים של מערכות אמריקאיות הוצעו לנו. בהתחלה דובר על מערכת הנשק תאאד – THAAD. האמריקאים ניסו לשכנע אותנו שמערכת זו, שהם סיימו לפתח אותה ונחשבת למוצלחת מאוד, היא בדיוק מה שאנו צריכים. אולם אמרנו שנוכל לשקול את ההצעה ברצינות אם נקבל מידע מפורט. רק כעבור כמה חודשים קיבלנו מהאמריקאים נתונים, ועיון בחומר גילה כי המערכת תאאד היא בדיוק כמו "חץ 2". כשהסברנו בצורה מסודרת, תוך כדי השוואת התכונות של תאאד ושל "חץ 2", שהמערכת תאאד אינה

מוסיפה לנו דבר בהשוואה ל"חץ 2", הם נשארו פעורי פה והציעו מערכת אחרת, SM-3 (Standard Missle), מערכת של הצי האמריקאי, שגרסה שלה מיועדת להצבה באירופה. "המערכת הזו בטוח מתאימה לכם," אמרו האמריקאים, "תקנו רק את זה." אך אנו ביקשנו מהם שוב לקבל מידע מפורט על המערכת.

מהשוואת הביצועים בין "חץ 3" ובין SM-3 עלה יתרון ברור ל"חץ 3". המערכת SM-3 מבוססת על טכנולוגיה מיושנת למדי. היא מיירט יקר מאוד שמייצרת חברת Raytheon עבור הצי האמריקאי, ומשלמים עליה כ-12 מיליון דולר ליחידה. הראינו לאמריקאים שאנחנו יכולים לייצר את "חץ 3" בשישית העלות בעיקר משום שיש בה טכנולוגיה חדשה, ואנחנו רוצים בסופו של דבר מערכת במחיר סביר.

בסופו של דבר דבקותנו במטרה השתלמה – לא זו בלבד שכל המתנגדים לרעיון של "חץ 3" השתכנעו אלא שבהסכם שחתמנו עם ממשלת ארצות הברית, ניתנה לאמריקאים הזכות להשתמש בטכנולוגיות שלנו, אם ירצו. המאבק הזה ארך כשנה, ובו התמודדנו עם טיעונים שנשמעים הגיוניים מאוד להדיוטות – ביניהם חברי קונגרס שניסו לשכנע אותי כי אני טועה בכך שאיני בוחר במערכות המעולות המיוצרות בארצות הברית. מדובר בין היתר בחברי קונגרס מהאזור שמייצרים בו את המערכות והם רוצים לספק עבודה למפעלים שלהם. זה, כמובן, לגיטימי, אבל אינו יכול להיות שיקול עיקרי. בין המתנגדים הנחרצים לפיתוח "חץ 3" הייתה גם חברת קונגרס בכירה שהזכרתי בפרק הקודם והפכה לאוהדת מושבעת שלנו ושל "חץ 3", לאחר שנגמר הוויכוח על הנושא.

הצלחנו להפוך את "חץ 3" למערכת לגיטימית, האמריקאים הסכימו להשתתף במימון ובואינג הצטרפה כבר בשלב הפיתוח. תת מערכות מסוימות מפותחות והן גם מיועדות לייצור בבואינג (כך היה גם עם רייתיאון ב"שרביט קסמים"). הפרויקט הזה רץ – כבר ביצע ניסויי טיסה מוצלחים מאוד, ובקרוב תהיה לנו שכבת מגן נוספת – עליונה.

כל המוזכר לעיל הוביל לכך שפתאום עסקנו בארבעה פרויקטים להגנה

מטילים בה בעת: "שרביט קסמים", "חץ 3", פיתוח שיפורים ב"חץ 2" וייצור מיירטי "חץ 2" - שיפורי מערכת נשק "חץ" היו הדרגתיים לאורך השנים ועיקרם שיפורי תוכנה ותפעול, אבל פותחו גם תת מערכות חדשות. גרסת "חץ 2" הנוכחית טובה משמעותית מהגרסה המקורית. כמו כן נכנסנו לפיתוח של מכ"מ חדש - "אורן אדיר". הוא חזק יותר מ"אורן ארוך" ומותאם לצורכי גילוי מוקדם של טילים שעלולים להישלח מארץ אויב.

במקביל האמריקאים עברו תהליך מעניין, ובו הם הכירו בעובדה שנחוץ לנו גילוי מוקדם של טילים ארוכי טווח. הנהלת ה־MDA הציעה להציב בארץ מכ"מ מתוצרתם במהירות האפשרית ובלי להתמהמה. משרד הביטחון בישראל העניק לכך אישור עקרוני והביאו את המכ"מ לארץ תוך פחות מחודש, הציבו אותו בנגב והכינו אותו לפעולה - יעיל מאוד ויפה מאוד.

מדובר במכ"מ שנקרא AN\TPY2, והוא אמצעי טוב מאוד לגילוי שיגורים מטווח ארוך, כך שיחד עם ההתראה מהלוויין האמריקאי הוא משתלב היטב עם המערך שלנו, שכולל בעיקר מכ"מים ואמצעים אחרים לגילוי האיומים שמתקרבים אלינו ולמעקב אחריהם. נוסף על כך, מערך ההגנה שלנו כולל מרכז שליטה ובקרה מתוחכם שמנתח את האיומים, מזהה היכן הם עומדים לפגוע, מה רמת האיום ומה הצורך ליירט אותו, ומפעיל מערכות נשק נגד האיומים האלה - בעיקר את "חץ 3", את "חץ 2" ובמקרה הצורך גם את "שרביט קסמים". מרגע שמתגלה איום ארוך טווח ששוגר לכיווננו, יש זמן להתכונן, להפעיל את המערכות ולערוך כמה ניסיונות יירוט. ההסתברות להפיל כמעט כל טיל כזה שיכוּוַן אלינו אמנם אינה מאה אחוזים, אבל היא גבוהה מאוד. זהו בעצם היעד של ההגנה הרב שכבתית.

בשנים האחרונות לעבודתי ב"מנהלת חומה" אחריותנו כללה את ארבעת הפרויקטים שנזכרו לעיל, ואילו "כיפת ברזל" נוהלה בנפרד כפרויקט חירום שהסתיים בלוח זמנים קצר ביותר ובהצלחה רבה. ניהול הפרויקטים כלל בין השאר טיפול באיוש נכון של כל התפקידים המרכזיים. אחת המשימות העיקריות היא לדאוג לכך שראשי הפרויקטים בתעשיות יהיו ברמה הנדרשת וכך גם הצוות הטכני. צריך לוודא תמיד שהרמה של

כל אנשי הצוות תקדם את המיזם ולא תעצור אותו. גם כמות הניסויים שעורכים בכל שנה הולכת וגדלה, משום שכל אחד מהמיזמים מגיע לניסויים במוקדם או במאוחר. זהו תהליך מתמיד של בקרה על הביצוע ובמקביל משא ומתן עם התעשייה וניסיון להגיע להסכמים בנושאי פיתוח וייצור שונים ולקדם כל מה שדורש קידום. ניהול של פרויקטים מורכבים כאלה במקביל אינו מהלך פשוט, אבל בסיכומו של דבר נהניתי מאוד מהעבודה ומהתהליכים שהובלתי, ובעיקר מהיכולת לקדם מערך הגנה משמעותי ביותר למדינת ישראל.

מערך שליטה ארצי

כדי שמערכות הגנה אקטיבית תהיינה יעילות, נדרש מערך שליטה ארצי. את המערכות מפעילים קצינים צעירים מחיל האוויר שצריכים לשלוט בכל האמצעים שלפניהם. האתגר הטמון בכך הוא לדאוג שמצד אחד ההפעלה של המערכות האלה תהיה פשוטה וקלה ככל האפשר ומצד אחר שהיתרונות של המערכות והיכולות ימוצו במלואם בפעולתו של מערך השליטה והבקרה. האתגר הזה כולל כמה גורמים שצריך לתת עליהם את הדעת: תכנון אוטומטי של היירוט, יכולת לצפות מראש היכן האיום עומד לפגוע, למנוע יירוטים מיותרים ועוד. יש כמה אתרי שיגור הפרושים במקומות ברחבי הארץ, וכל יירוט יכול להיות מיטבי בהתחשב במיקום השיגור.

קדימויות של יירוטים – באיומים ארוכי טווח, הטיל המשוגר ארוך מאוד, אורכו כעשרים מטר. אחרי שנגמר המנוע הרקטי של השלב הראשון, יעיל יותר להפריד את הטיל לשניים – ראש הקרב טס לחוד והמנוע לחוד. מבחינת תכנון ההגנה. כל הפקטורים צריכים להיכנס באופן אוטומטי לתוך תהליכים לוגיים של מערכת הנשק מצד אחד, ומצד אחר – לתוך אמצעי תצוגה, למפעיל שידע מה קורה ויוכל להתערב בתהליך. משך הזמן מרגע איתור האיום ועד לפגיעה הוא כעשר דקות – זמן מספיק כדי לאפשר התערבות של המפעיל במקרה שההחלטה האוטומטית של המערכת לא נראית לו (הראש החושב של האדם עדיף תמיד על המכונה). הוא יכול

להציע שינויים בהחלטה, לקבל החלטות, לעשות שינויים בזמן ולדאוג לכך שהביצועים של המערכת ישתפרו.

מערך השליטה והבקרה של ההגנה האקטיבית על מדינת ישראל הוא בעיניי אחד המערכים הכי מתוחכמים שיש במערכות נשק בכלל מבחינת תפעול, חוכמה ולוגיקה פנימית שממומשות במחשבים של המערכת. בחדרי הבקרה יושבים מול מסכים רבים קצינים, וכל אחד מהם אחראי לחלק מסוים מהמערכת. הם חייבים להיות מאומנים היטב, וכדי לתפעל מערכות מסוג זה ולהצליח בהן נדרשות מהם יכולות לשלוט במצב, לראות בדיוק מה מתרחש ולהבין את תמונת הקרב בזמן אמת. זה לא טריוויאלי. חיל האוויר עושה הרבה תרגולים ובדיקות כדי לוודא את רמת המוכנות של המפעילים.

דבר דומה מתרחש בשכבת ההגנה התחתונה. אני מעריך שבסופו של דבר כל הסוללות של "כיפת ברזל", שמפוזרות במקומות שונים ברחבי הארץ, יהיו גם הן בשליטה מרכזית ויהפכו למערך משולב. יירוט האיומים יבוצע בחלקו על ידי "כיפת ברזל" ובחלקו על ידי "שרביט קסמים", כאשר תהפוך למערכת מבצעית. במקרה של האיומים הרקטיים הכול הרבה יותר מהיר. מדובר על כמה שניות או דקות בודדות בין גילוי האיום לבין זמן הפגיעה, ובמשך הזמן הזה צריך לקבל את כל ההחלטות ולבצע את היירוט.

קישוריות

הקישוריות (Interoperability)[41] – שיתוף הפעולה המבצעי עם צבא ארצות הברית – היא אלמנט חשוב ביותר בהגנה האקטיבית של ישראל. בשעת חירום צפויות להיפרש בארץ מערכות להגנה מטילים מתוצרת ארצות הברית ולהגן מפני תקיפת טילים בשיתוף עם מערכות ההגנה מתוצרת ישראל. לאמריקאים יש מערכות מבצעיות מסוגים שונים: ספינות בעלות

---

41 קישוריות או תְּפְעוּלִיּוּת בֵּינִית, (באנגלית: Interoperability), בהקשר טכני ובתחום המחשבים בפרט היא היכולת של לפחות שתי מערכות או שני רכיבים להחליף מידע ולהשתמש במידע שהוחלף.

יכולת להגנה מטילים ומערכות קרקעיות. פעם בשנתיים אנו מבצעים עמם תרגיל שנקרא: Juniper Cobra. לצורך ביצוע התרגיל הזה האמריקאים שולחים לכאן מערכות שלהם ומתרגלים יחד עם חיל האוויר הגנה משותפת על מדינת ישראל. במסגרת התרגיל עורכים סימולציות של תקיפה על ישראל מארצות אויב שמסביבנו. המפעילים האמיתיים של המערכות שלנו ושל האמריקאים מנסים להתמודד עמן ולעבוד יחד תוך כדי חלוקת משימות ביניהם.

כאשר מתרחשת תקיפה מרובת טילים, צריך לדעת אלו צעדים לנקוט כל הזמן – האם להפעיל מערכת ישראלית או מערכת אמריקאית, איך לעבוד יחד, ואיזו מערכת להפעיל לשם ניסיון נוסף ליירוט במקרה שמערכת מסוימת לא הצליחה.

זהו תרגיל ענק, אחד מהתרגילים הצבאיים הגדולים ביותר של צה"ל עם הצבא האמריקאי, והוא מוסיף רבות ליכולתם של המפעילים לבצע את משימתם ולהתמודד עם האיומים. אמנם אנחנו משתדלים שהמערכות שלנו תהיינה מספיק טובות כדי שלא יהיה צורך בעזרה מארצות הברית, אבל הידיעה שאפשר לתגבר את ההגנה ולבצע את המשימה יחד עם הכוחות האמריקאיים, וכן התרגול המשותף, תורמים רבות להגנה האקטיבית על ישראל.

אינטגרציה וניסויים

מערכות ההגנה מטילים הן עתירות מחשוב ומורכבות ביותר. היכולת להפעילן בצורה תקינה תלויה בתהליך קפדני וממושך של אינטגרציה, כולל בדיקות וניפוי שגיאות שיטתי. מערכות ההגנה השונות פרושות בארץ באתרים רבים: מכ"מים רבים במקומות שונים בארץ, אתרי שיגור, מערכי תקשורת בין כל האתרים האלה, מרכזי שליטה ובקרה ועוד. כדי שהכול "ינגן" יחד מבצעים תהליך אינטגרציה ובדיקות מפורטות, ורק אחר כך אפשר למסור את המערכת לשימושו של חיל האוויר.

בכל פעם שמשביחים את המערכת או שמתווספים לה אלמנטים חדשים,

מבצעים מחדש תהליך אינטגרציה. בודקים כל תת מערכת לחוד, אחר כך בודקים אותן יחדיו ולבסוף עורכים סדרה גדולה מאוד של בדיקות ושל דימויי מצבים כדי לראות האם המערכת פועלת נכון בתנאים שונים. בשלב הזה נכנסים לעניין המפעילים של חיל האוויר, לומדים להכיר את השינויים ואת התוספות, מתרגלים איך להתגבר על בעיות. לשם כך נחוצים מערך דימוי ותוכנית מסודרת של דימויי תקלות שנדרש להתגבר עליהן. התהליך הזה אמנם ארוך וכבד, אך הוא הכרחי.

ניסויים - עד שלא מוכיחים יכולת בזמן פעולה מבצעית אי אפשר לדעת אל נכון איך יתפקדו המערכות השונות, אך ככל שעורכים יותר ניסויים גובר הסיכוי שגם בזמן תפעול מבצעי המערכת תעבוד. לכן חשוב מאוד להמשיך בניסויים ולבדוק את כל הפיתוחים דרכם, להוציא באגים, לתקן קלקולים ולהמשיך הלאה.

חלק מרכזי מהעבודה של "מנהלת חומה" הוא תכנון נכון של ניסויים. האתגר – הוכחת יכולות מורחבות דרך ניסויים, גם לטווחים גדולים יותר – נעשה קשה יותר ויותר. כדי לבצע ניסוי עם "חץ 3" למשל, צריך לשגר את המטרה מנקודה רחוקה בים התיכון ולוודא שאם חלילה ייפלו שברים, הם לא יפגעו במטוסים או באניות. זהו אירוע מורכב הדורש תכנון פרטני וזהירות רבה.

תכנון ניסויים, בחירת מטרות ופיתוח מטרות בשביל ניסוי הם תורה בפני עצמה. לטובת היכולות המורחבות של ה"חץ" פיתחנו בכל פעם מטרות שרמת המורכבות שלהן הולכת וגדלה. ברפא"ל נבנה צוות שמתמחה במטרות המדמות את האיומים עלינו כדי ליצור תמונת שמיים שדומה למציאות. מערכת ההגנה צריכה לבחור את הגוף הנכון ליירוט, כאשר טסים במרחב שלו גופים נוספים. לאחר מכן המערכת אמורה לשגר את המיירט וליירט את הגוף המאיים. הוכחת הביצועים בתנאים קרובים ככל האפשר לתנאים האמיתיים היא חלק מהותי מפיתוח המערך.

.11

פרידות והתחלות חדשות

כעת, בזמן כתיבת טיוטת הפרק האחרון, אני יושב בחדר העבודה שלי, שנמצא בקומה השנייה של ביתי. תמונה מצהיבה וחגיגית של אמי ושלי, מזכרת מחגיגת בר המצווה, מרצינה אליי מהקיר. הקירות מלאים בתעודות הוקרה ובברכות מרגעי שיא בחיי המקצועיים וחלקן מחורוזות. בחדר העבודה שלי יש גם דגמים מיניאטוריים של טילים ולוויינים שלקחתי חלק בפיתוחם ואף הובלתי אותם במקרים רבים, ומזכרת משמעותית במיוחד מהשיגור האחרון של טיל ה"חץ" שהובלתי כראש "מנהלת חומה" – תמונה מרגע פגיעת ה"חץ" במטרה, ועליה מתנוסס תאריך יום הולדתי השבעים.

ביתי ברמת השרון, שאני מתגורר בו כבר שלושים וחמש שנים, עומד על מגרש שהיה שייך להוריה של גבי. זהו בית מלא בעציצים ובירק, בעל חלונות גדולים הפתוחים אל החוץ, ואצורות בו הרבה מזכרות מרגעים משמעותיים בחיַי ובחיֵי משפחתי. את מרבית חפצי האמנות והתמונות הממלאים את הבית רכשה גבי בטיולינו במזרח הרחוק, בתקופה בת שלוש השנים שמשפחתנו שהתה בדרום מזרח אסיה: כיסאות בורמזיים מעץ, כפרי סיני בתלבושת מסורתית נושא אסל, פילים בגדלים שונים, שטיחים תלויים על הקירות, חפצים ורהיטים רבים מעץ ומדרגות במבוק המובילות לקומה השנייה – כולם חלק מתפאורת הבית שמשרה עליו, בעיניי, אווירה חמימה ואינטימית.

מול דלת הכניסה, בעומק המבואה ומתחת לתמונה סינית גדולה, מונח דרך קבע אלבום תמונות לזכרה של גבי (1942־2009). יהל בננו הכין אותו, ויש בו תמונות של גבי מימי ילדותה ונערותה, בת יחידה כמוני, והנה היא כבר אישה צעירה ויפה, מישירה מבט למצלמה בחצי חיוך. יש באלבום גם תמונה משותפת שלנו שכמה אנשים ציינו כי היא נראית כמחווה לכוכבי קולנוע בשחור־לבן, תמונות עם ילדינו מימי הטיולים המשפחתיים במזרח הרחוק ותמונות מהטיולים האחרונים שערכנו בליווי צמוד של רֶגִ'י, המטפלת הפיליפינית הנאמנה שלנו. התמונות אינן מסודרות באופן כרונולוגי; הנה מציצה גבי צעירה, יפה וחיונית אחרי גבי המבוגרת והמחובקת עם נכדותיה, וכך, למרות הסוף הידוע, מעניקות התמונות אשליה של חיים שעדיין ממשיכים.

פרידה לאין קץ

במהלך חייה הייתה גבי אישה פעילה מאוד, הן בעבודתה והן בפעילות חברתית. תמיד משכה את כולנו לטיולים – יצאנו לעשרות טיולים משותפים ולפעילויות חברתיות מגוונות עם חברים ועם משפחה. היו לנו קשרים חברתיים ענפים בזכותה.

בגיל שישים בערך חלתה גבי באלצהיימר, וההידרדרות במצבה הייתה אטית. הראשונה שחשה בצורה חדה בשינויים הדקים אך המשמעותיים שהתחוללו באישיותה של גבי הייתה שרון בתנו. בין שרון לבין אמה התקיימו קשרים קרובים וטובים מאוד. שרון נהגה להתייעץ עם גבי בעניינים רבים ודעותיה של גבי נחשבו מאוד בעיניה, ופתאום גבי לא הביעה דעות ולא גילתה התעניינות. כך התגלה הסימן הראשון – שינוי בגישה, באופי; טרנספורמציה מתמשכת ומייסרת.

תופעות המחלה הלכו והתגברו. ב־2002, כשאותות המחלה כבר ניכרו בה, לא הסכימו להאריך לגבי את חוזה העבודה באוניברסיטה לאחר גיל הפרישה הרשמי והיא הפסיקה לעבוד. גבי – אישה עצמאית מאוד כל חייה, שנהגה לנסוע במכונית שלה לכל מקום ולבקר אצל שרון בחיפה

פעמים רבות – פסקה יום אחד לנהוג. דברים רבים מעין אלה התרחשו בין השנים 2002 ל־2006, תקופה שהייתה מעין שלב מעבר מהחיים העצמאיים והתוססים שהכרנו למציאות שונה לגמרי. ב־2006 מחלתה של גבי כבר הייתה חריפה, והשינוי באישיותה ובהתנהלותה הצריך עזרה יומיומית. הבאנו לבית מטפלת פיליפינית ששהתה אִתה כל שעות היממה.

ניסינו לעשות כל מה שאפשר. היינו בטיפולים רפואיים מכל סוג, אצל מומחים לרפואה קונבנציונלית ואחרים. למשל בניו יורק היה רופא שנסענו אליו וגבי עברה אצלו טיפולים, והיה רופא אחר מאריזונה שנחשב למומחה בינלאומי וגבי נטלה תרופות על פי המלצתו – אך דבר לא עזר.

התעקשתי עד הסוף שנמשיך לטייל. נסענו לחו"ל כל שנה, והייתי נחוש להמשיך בזה כאילו לא קרה דבר. ב־2006 (עוד לפני עידן המטפלת), כשהיינו באנגליה, היה לנו מקרה בלתי נשכח. נסענו לאתר של "קלאב הוטל" מדרום ללונדון לשבוע ושכרנו מכונית. באחד הבקרים יצאנו לטיול בפארק של אחד מן הארמונות בסביבה. בשלב כלשהו גבי הלכה לשירותים. נשארתי לחכות לה בחוץ. חיכיתי וחיכיתי והיא לא יצאה. נכנסתי פנימה – והיא לא הייתה שם. כפי הנראה יצאה החוצה דרך הפרוזדור לכיוון ההפוך מזה שעמדתי בו. השעה הייתה בערך שתיים בצהרים. התחלתי לחפש בסביבה, אך ראיתי שהחיפושים לא מובילים לשום מקום והתקשרתי למשטרה. באותו זמן בערך מישהו מעובדי הפארק דיווח למשטרה שראה אישה הולכת באיזשהו שביל לכיוון היערות. תוך כשעה התארגנו כמה ניידות ויצאו לחפש אותה.

החיפושים ארכו שעות, ואני הייתי מתוח ועצבני בצורה קיצונית וגם כעסתי על עצמי מאוד. בשש בערב בערך, לאחר ארבע שעות, העובד שהבחין בה מלכתחילה התקשר שוב למשטרה ומסר כי ראה אותה נכנסת לפאב מסוים בעיירה המרוחקת כעשרה קילומטרים מהפארק שטיילנו בו. השוטרים נסעו ישר לשם, וטלפנו אליי שאכן מצאו אותה בפאב.

השוטרים לקחו אותי בניידת ונסענו לשם. כמה מדהים ומצחיק זה היה יכול להיות, אם לא היה עצוב כמובן. גבי הסבה לה בנוחות, ואכלה סטייק

בליווי כוס יין לבן. היא הסתכלה עליי, ואני ניגשתי אליה והתחלתי לחבק ולנשק אותה. היא התבוננה בי ואמרה בנונשלנטיות: "למה לקח לך כל כך הרבה זמן להגיע?" שאלתי: "לאן הלכת?" והיא ענתה: "הלכתי הביתה לרמת השרון!"

כך זה היה. היא הלכה ברגל עשרה קילומטרים, הגיעה לפאב עייפה ורעבה, הזמינה סטייק וכוס יין בלי שהיה לה כסף לשלם וחיכתה שמישהו יגיע. השוטרים היו נהדרים ועזרו מאוד־מאוד. היה לנו מזל גדול. שנה לאחר מכן אירע לנו מקרה דומה, וכל מקרה כזה הוריד לי כמה שנות חיים. מאז נזהרתי כל כך שלא יקרה דבר, שלא תלך לבדה, כי היא לא יכלה להסתדר.

מבחינה חיצונית גבי נראתה כרגיל כמעט עד לסוף חייה, כי הייתה בריאה מבחינה פיזית. רק בשנה האחרונה לחייה היו לה גם קשיים גופניים והיה צורך להגן עליה כל הזמן. היא זיהתה אותי ואת הילדים עד הסוף, אבל כבר לא היה לה קשר רגשי עם אף אחד ואיש לא עניין אותה. ב־2007 למשל, עברתי ניתוח מעקפים, וגבי לא הבינה מה זה. היא באה לבקר אותי בבית החולים, הפטירה לעברי "שלום" והלכה לה. השינוי היה מזעזע: אתה חווה הידרדרות מתמשכת שפוגעת במישהו קרוב ויקר לך וגוזל ממנו את זהותו, אך אינך יכול לעשות דבר ובוודאי לא לטעון משהו נגדו, אף שהדבר פוגע גם בך.

בינואר 2009, אחרי שש־שבע שנים של מחלה והידרדרות אטית, נפטרה גבי.

ילדים הם ברכה

גבי ואני ידענו תמיד שנרצה לפחות שלושה ילדים. רצינו וביצענו. ילדינו שונים מאוד זה מזה, נבדלים באופיים, בצורת המחשבה שלהם ובכיוונים שבחרו להם בחייהם, ולכל אחד מהם יש נגיעה כלשהי לאמנות. אני גאה בשלושתם ומרוצה מהם. הקשרים בין האחים טובים מאוד. לכל אחד מהם יש העניינים שלו, כמובן, אך בסך הכול שוררת בין כולנו משפחתיות טובה וחמה.

שרון, בכורתי - לאחר שירות צבאי ושהות של כחצי שנה בארצות הברית, פנתה ללמוד קולנוע באוניברסיטת תל אביב לתואר ראשון (אולי בהשראת העיסוק האינטנסיבי של יהל בתחום). לאחר מכן החליטה ללמוד תרפיה באמנות ב"לסלי קולג'". היא מוצלחת בעיסוקה, ואני חש שהוא מתאים לה מאוד. שרון עבדה בשנים האחרונות בעיקר ב"מרכז מילמן" בחיפה, מרכז לטיפול בילדים עם הפרעות תקשורת. יש לה גם קליניקה בבית, ובה היא עובדת עם הורים וילדים. התוודעתי לעיסוקה של שרון ביתר שאת, בזמן שלמדה לתואר שני בלסלי קולג'. עבודת הגמר שלה כללה ניתוח שלם של אירועים, כולל תיאור מקרים ספציפיים. קראתי אותה ביסודיות והוקסמתי ממנה. חשבתי שמעניין כל כך ואף מדהים לפתח קשר עם ילד, לעתים ממש להבקיע נתיב אל עולם הנראה מסוגר באורח הרמטי, דרך ציור או דרך אמצעי תיווך אמנותי אחר.

בן זוגה של שרון הוא אורן, ויש להם שתי בנות – נכדותיי, גאיה ועלמה. הן חמודות להפליא ואני מאוהב בהן לגמרי, אף שקילומטרז' הסבאות הפעיל שלי אינו גדול. בזמן האחרון, כשאורן נסע לווינה, ביליתי יותר שעות במחיצתן. ממש בימים אלה, עם סיום כתיבת הספר, התלוותה שרון עם שתי הבנות אל אורן לשנתיים בווינה, לפוסט דוקטורט שלו במתמטיקה תיאורטית.

יהל. הצילום הוא אהבה גדולה שלו ועמוד שדרה מקצועי בחייו, והוא התוודע אליו כשהיינו בארצות הברית. הוא היה אז בכיתה ח', ואחד ממקצועות הלימוד שלו היה מקצוע בחירה. הוא דווקא העדיף נגרות, אך לא היה מקום בחוג זה בבית הספר שלמד בו. לכן הוא פנה לצילום ומשם התפתח. כשחזרנו לארץ הקים יהל מעבדת צילום במקלט שבבית ובילה שם שעות ארוכות. בהמשך הוא בחר במגמת קולנוע בתיכון אלון ברמת השרון, ושם יצר סרט גמר יפה מאוד בעיניי.

ליהל היו מאז ומעולם חוש טכני מפותח מאוד ויכולת יוצאת דופן לבצע משימות בצורה נכונה ומסודרת. בצבא הוא שירת בהנדסה קרבית כחצי מתקופת השירות, ומאוחר יותר, כשהתגלה הרקע שלו בצילום,

העבירו אותו ליחידת הווידיאו של חיל ההנדסה והוא הפך לאחד מצלמי הווידאו של החיל. במלחמת המפרץ הראשונה תפקידו היה לתעד את הסקאדים שנפלו. הזעיקו אותו עם כל נפילת סקאד. מאז נהיו לו הרבה חברים במקצוע. הוא טיפוס חברותי ויש לו הרבה חברים.

בשנת 1996, בזמן שהיינו בדרום מזרח אסיה ואחרי שטיפל כשנתיים בשתי סבתות אלמנות, נסע יהל לארצות הברית וחיפש את מזלו בארץ האפשרויות הבלתי מוגבלות. בהתחלה למד משחק בבית הספר "Circle in the Square" בניו יורק. בהמשך פתח חברה לצילום וידאו בשם: "Open Windows Production" באזור ניו יורק. החברה התפרנסה יפה. הוא חבר באיגוד הצלמים של הוליווד, התמחה בצילום של סרטים מאחורי הקלעים והיה צלם קבוע של כמה תוכניות טלוויזיה, כמו התוכנית של דוקטור אוז ואחרות. הוא עסק גם בהפקה, בעיקר לתוכניות ולסרטים של ישראלים שבאו לצלם בניו יורק.

בשנים האחרונות היה צלם קבוע של תוכנית בשם "House Hunters International", שבה מצלמים משפחות שעוברות לגור במדינות אחרות. מצלמים אותן לפני המעבר ואחריו. עם התוכנית הזו הוא כבר נדד בכל העולם. לפני שהוא חזר לישראל, הזעיקו אותו לשבועיים לדרום אמריקה, לאורוגוואי ולארגנטינה כדי לצלם שני פרקים בסדרה.

לפני שלוש שנים החליט יהל לחזור לישראל ולפתוח סטודיו לפילאטיס ברמת השרון. הוא התאהב בשיטת האימון המיוחדת הזו לאחר שעבר טיפול בעקבות פגיעה בגבו שהשביתה אותו, והפילאטיס ריפא אותו לחלוטין. יהל למד בבית הספר המקורי של ג'וזף פילאטיס בניו יורק, עבר את כל השלבים ולאחר שנתיים מפרכות קיבל את תעודת ההסמכה. כשהתחלתי במסע של כתיבת הספר, היה ביתו של יהל עדיין בשלבי בנייה מול חלוני. כיום הוא כבר בנוי ועומד, במרתפו מכון הפילאטיס הכי משוכלל במזרח התיכון, וגם אני בא ללמוד אצלו. עכשיו הוא מתחיל להתארגן להפעלה ולשיווק. הוא מסודר, מתוכנן וקפדן מאוד. הוא מרוצה. יהל אינו נשוי. היו לו הרבה חברות אמריקאיות. נראה מה יקרה בתחום זה בארץ.

ניצן – הפרופסור של המשפחה. תמיד לומד משהו, מחפש וחוקר, מוכשר מאוד, לא ממש מסודר (פרופסור מפוזר אמרנו?) הישגי ותחרותי עד כדי כך שתמיד נדמה לו שהוא צריך להשתפר עוד. ניצן הוא רב תחומי. סיים תיכון בגיל שבע־עשרה, למד מדעי המחשב והתחיל לעבוד במחשבים. בעקבות מחלתה של גבי החליט ללמוד מדעי המוח ועשה תואר ראשון בביולוגיה באוניברסיטה העברית בירושלים. לאחר מכן עבר לאוניברסיטת תל אביב ולמד שם לתואר ראשון בהנדסה ביו־רפואית עם דגש על רשתות נוירונים. גם התואר השני שלו מתמקד בנושא זה. כעת הוא עובד על הדוקטורט שלו באוניברסיטת נוטינגהם (Nottingham) שבאנגליה. הדוקטורט מתמקד בחקר המוח, והוא חלק מניסיון לפתח מודל של המוח. העיסוק הזה קשה ומורכב, וכשאני מנסה לקרוא מאמר פרי עטו אני נזקק לתרגום צמוד.

ניצן התחתן בשנת 2012 עם חגית. החתונה שלהם הייתה אירוע מיוחד במינו שמיטיב להדגים את הרבגוניות והייחודיות של ניצן. כשנתיים קודם לכן הוא החליט ללמוד קרקס. הוא הלך לקרקס פלורנטין בכפר הירוק והתמחה בקפיצות בטרפז. מהר למדי הוא הפך לאחראי לתחום הטרפז ולמדריך לילדים ולמבוגרים. לב החתונה שלו ושל חגית (לאחר שהצליחו למצוא אולם מתאים) היה תרגיל קרקס שעשו יחד כשהם תלויים מתקרת האולם. חתונה כזו לא ראיתי מעודי.

זהו ניצן – איש של אתגרים, צירוף של למדנות ועיסוק בדברים הכי מתוחכמים שיש מבחינה מדעית ושכרוכים בהסתכנות גופנית ובאתגר פיזי. בתקופת העבודה על הספר נולדה לניצן ולחגית בת מקסימה. עמית גבריאלה שמה, והיא נכדתי השלישית.

התחלות חדשות

כחצי שנה לאחר פטירתה של גבי החלו כמה מחבריי הטובים לגשש ולבדוק האם אני מעוניין להכיר מישהי. הצורך הזה לא עלה כלל על דעתי באותו זמן, אבל לאט־לאט חבריי שכנעו אותי לנסות. אני לא יכול להסביר בדיוק

כיצד זה קרה, אבל מהתחלה דבקתי באישה מסוימת בלי לנסות ולהכיר את האחרות. האישה הזאת היא אילנה.

חבר שלי, בנצי נווה, ראש מפא"ת בעבר ולפני כן מנכ"ל רפא"ל (הבוס שלי שם), הכיר לי את שכנתו אילנה. היה לו קשה להעלות בפניי את הרעיון, אבל הוא העז לעשות זאת לבסוף והצליח לו ולנו. אילנה היא אש וגופרית, נמרצת, אסרטיבית ומקסימה, צעירה ממני בכמה שנים טובות. יש לה ארבעה ילדים – שְׂמְחִי, קובי, מיטל ומושיקו – וגם נכדים. שנינו מכירים ואוהבים האחד את משפחתו של האחר. היא מזכירה רפואית במחלקה הפסיכיאטרית בבית חולים בני ציון בחיפה, והמתרחש במחלקה מעסיק אותה מאוד.

מטבע הדברים עבר קצת זמן עד שממש התחברנו. בזמן שנערך הניסוי בקליפורניה ב־2011 היא החזיקה לי אצבעות בארץ ואחר כך טיילנו הרבה יחד גם בחוץ לארץ. ביקרנו יחד אצל ניצן באנגליה ואצל שרון בווינה. היינו יחד בארצות הברית, באירופה, ביפן, בהונג קונג, ובסינגפור – גיליתי את המקומות המדהימים האלה פעם נוספת, בחברתה. כיום אנו חיים יחד ומחלקים את הזמן בין ביתה לביתי. הנסיעות בין רמת השרון לחיפה מתישות למדי, אך לעתיד פתרונים. אני נהנה מאוד מהשותפות החדשה הזו שנוצרה בינינו.

שיגור אחרון ופרידה

שתים־עשרה שנה עמדתי בראש "מנהלת חומה" במשרד הביטחון. זהו זמן ארוך, ארוך בהרבה מכל תפקיד אחר שמילאתי אי פעם, ולא היה בו ולו יום אחד משעמם. כל הזמן נוצרו עיסוקים חדשים, אתגרים כלכליים, אתגרים של יחסי אנוש, בעיות טכניות שצריך לפתור, אנשים, מנהלים, עובדים, מהנדסים, אין רגע דל. שיאה הסמלי של התקופה היה שיגור ה"חץ" בקליפורניה ביום הולדתי השבעים.

בחודש האחרון שלי ב"מנהלת חומה" לקחתי את המחליף שלי לסיבוב בכל מקום שיש לו או יכולה להיות לו רלוונטיות לתפקיד בארץ וגם

בארצות הברית. קישרתי אותו למשל, לצבא ארצות הברית ול־MDA, ועשיתי כך גם לגבי קשרים בקונגרס, עם כל עוזרי הסנטורים וכן הלאה. נדמה לי שעשיתי את ההעברה בצורה הטובה ביותר שיכולתי וגם נהניתי בדרך. במקרה שלי הרגשתי כאילו אני מפקיד בן טיפוחים יקר בידיו של אחר – דאגתי לכך שימשיך לקבל את מלוא הטיפול ותשומת הלב האפשריים.

נערכה לי מסיבת סיום מרגשת ומשמחת מאוד במשרד הביטחון. באו הרבה אנשים מהמשרד ומכל התעשיות הביטחוניות שהכירו אותי במשך שנים ארוכות. זה היה ערב שמח עם קצת אוכל והרבה מוזיקה וסרטונים שאני ופעילותי היינו הנושא שלהם, ונהניתי מהם מאוד. הסמקתי כמובן מרוב השבחים והתרגשתי. ולמחרת לא הלכתי לעבודה בפעם הראשונה זה עשרות שנים.

במשך השנה הראשונה הייתי ב"צינון". אסור היה לי לעשות עסקים עם חברות שהזמנתי מהן עבודות בעבר, כולל החברות העיקריות בתחום. עבדתי עם כמה חברות קטנות שביקשו ממני עזרה בפיתוח עסקי ואחר כך, כעבור שנה, כבר היו חברות גדולות ורציניות יותר שרצו שאסייע להן בתחום ההגנה מטילים ובתחומים אחרים. כיום יש כמה פרויקטים שאני מבצע עם התעשייה האווירית ועם רפא"ל, ואני גם עובד עם חברת "ווילס", העוסקת במחקרים בתחום ההגנה מטילים. אני מבצע עוד עבודות שונות בהיקף קטן, לרוב יש הצלחות, ולעתים רחוקות יש גם כישלונות.

בשנה הראשונה אחרי הפרישה שלי למשל, התעניינתי באנרגיית רוח. אני עצמי לא מבין בזה דבר, אבל גיליתי מישהו ששירת בעבר בחיל האוויר ופיתח יכולת לחישוב המיקום האופטימלי להצבת טורבינות המופעלות על ידי אנרגית רוח לשם הפקת חשמל. ניסיתי לעזור לו בפיתוח העסק ובגיוס הון יחד עם חבר נוסף ולבושתי לא הצלחנו! פשוט לא הצלחנו, וזהו! לא האמנתי שעד כדי כך לא אצליח בזה. הגעתי למסקנה שאני כנראה לא מספיק מבין בנושא כדי לדעת מה לעשות נכון. אז חזרתי לתחומים שאני מבין בהם ושאין לי מתחרים בהם, וזה מצליח יותר.

ב־2008, אחרי שנים של עבודה בתחום, קיבלתי פרס מה־MDA – "David R. Israel Award", המהווה הכרה בתרומה ייחודית לנושא ההגנה הגלובלית מטילים. רק ישראלים בודדים זכו בפרס הזה. את הפרס קיבלתי בהוואי בכנס של ה־MDA, בטקס מכובד שהוצג בו גם סרטון על הישגי ההגנה מטילים שלנו. יהל בני התלווה אליי לנסיעה. ביקשתי שיינתן לו אישור כניסה לטקס חלוקת הפרס, היות שזהו כנס מסווג, ואישרו לו להיות נוכח בטקס ולתעדו.

ניצלתי את ההזדמנות לטייל עם יהל בהוואי. ביקרנו בהונולולו ובסביבתה באי מאווי. טסנו גם לאי קאואיי ובילינו שם כמה ימים. זו הייתה חוויה מיוחדת.

אינני איש של פרסים. המלצתי בעבר לפחות שש או שבע פעמים על אנשים או על קבוצות שיקבלו את פרס ביטחון ישראל והם קיבלו, ושלוש או ארבע פעמים ניתן הפרס לביטחון ישראל לנושאים שהובלתי, כולל הפרס על ה"חץ", שהצוות קיבל (בלעדיי), אם כי הייתי מרוצה בשבילם כמובן. מעולם לא עשיתי לעצמי לובי בעניינים כאלה, כך ששמחתי מאוד שהפעם היחידה שבה קיבלתי פרס הייתה ביוזמה אמריקאית, ללא לחץ של לובי ישראלי.

אפילוג – שבעים השנים הראשונות

בשנת 2005 נפטרה אמי. היא הייתה בת תשעים וחמש במותה. אמי, שללא ספק הצילה את חיי בשואה, הייתה הגורם המשמעותי ביותר בחינוכי ובעיצובי כילד. היא הייתה ציונית כבר בגיל צעיר, בתקופה ה"שחורה" של אירופה. רצונה החזק והבנתה את חשיבותו של הגשמת הרעיון הציוני הובילו לכאן את משפחתנו הקטנה והטביעו את חותמם על התפתחותי ועל בחירותיי המקצועיות והערכיות לאורך כל הדרך.

הלן קלר אמרה פעם כי "ביטחון הוא בעיקר אמונה טפלה. הוא אינו קיים בטבע, ובני האדם על פי רוב אינם חיים בביטחון. הימנעות מסכנות אינה בטוחה יותר, לטווח ארוך, מהתמודדות ישירה עמן..." הלן קלר הסיקה מכך כי "החיים הם או הרפתקה נועזת או לא כלום", ואילו אני גוזר מזה את האפשרות לתרום לביטחון בניסיון למנוע סכנות ואת תוצאותיהן. אני חש תחושת סיפוק עמוקה מהתרומה המשמעותית שתרמתי לעצם קיומן של יכולות הגנה והרתעה עוצמתיות ביותר, יכולות שלא היו קיימות בעבר אך קיימות עתה. תחושה זו "מתכתבת" עם חוסר האונים שחשתי בתקופת ילדותי בשואה ונותנת לו מענה. אני חש גם הכרת תודה עמוקה למערכת הביטחון לדורותיה, על שניתנה לי ההזדמנות להיות בצמתי הפעילות שבהם הייתי, ועל האמון ושיתוף הפעולה שזכיתי להם לאורך הדרך.

חשוב לי מאוד שיבינו ויכירו את המשמעות של מה שאני וחבריי לדרך עושים ועשינו במשך כל השנים למען יכולת ההישרדות של ישראל. אני מרוצה ביותר מכך שעזבתי את המערכת במצב שאפשר לסמוך עליה (מתוך הבנה שאין דבר מושלם בחיים). איני גאה באופן עיוור בכל מה

שמתרחש בארץ, אבל אני גאה בהתפתחויות של היכולת הביטחונית והיכולת הכלכלית בישראל.

חיי, בשבעים השנים הראשונות בכל אופן, היו דינמיים, עתירי פרידות והתחלות חדשות, שינויים והסתגלויות. ניסיתי לפרוש בספר זה את קורותיי, על תחושת השליחות שהנחתה אותי לאורכם, בסיכומה של קריירה אינטנסיבית שליוותה את מדינת ישראל בדרכה (לפחות בהיבט הביטחוני) דרך צמתים משמעותיים. כתבתי את הספר מתוך צורך לסגור מעגל, לסכם את הידע ואת הניסיון העשיר שצברתי ומתוך רצון להנחלת ידע ותובנות, ולא פחות מכך בשביל עצמי, בשביל הנשמה שלי ובשביל הכיף שלי.

מלכתחילה רציתי לספר בעיקר על תחושות ורעיונות שפיתחתי לאורך הזמן מהיבט מקצועי, להעביר מסרים בתחום ההגנה האקטיבית, להסביר מהם ערכה ומשמעותה לסך כל ההגנה למדינת ישראל, להעביר לקחים ומחשבות בקשר לניהול, לעבודה עם אנשים ולתהליכים שונים שקשורים לביצוע פרויקטים. ניסיתי לעשות את כל זאת באופן מרתק וקולח שידבר גם אל מי שאינו מכיר את התחום. עם זאת, במהלך העבודה על הספר מצאתי את עצמי מספר וחולק אירועים רבים מחיי האישיים (יותר מכפי שהתכוונתי), שנבעו מתוכי ככל שהעמקתי לדלות את ההתרחשויות מנבכי זיכרוני ונשמתי. אחרי הכול קיים קשר הדוק בין ההיסטוריה האישית שלי לבין הצורך לפעול ללא לאות למען ביטחונה של המדינה.

אני מקווה שהכתוב ייתן לבני משפחתי, לחבריי ולידידיי וכן לאנשים מהתחום, בייחוד לאלה מביניהם העוסקים בפיתוח מערכות, צוהר אל עולמי המקצועי והאישי ואולי אף יחשוף אותם לאירועים, לדרכי מחשבה ולתובנות שלא ידעו או הכירו. ואם כך יהיה, דייני.